NOUVELLE ENCYCLOPÉDIE PRATIQUE
DU BATIMENT ET DE L'HABITATION

RÉDIGÉE PAR

René CHAMPLY, Ingénieur

avec le concours d'Architectes et d'Ingénieurs spécialistes

SIXIÈME VOLUME

Couverture
des Bâtiments

AVEC 217 FIGURES DANS LE TEXTE

PARIS
LIBRAIRIE GÉNÉRALE SCIENTIFIQUE ET INDUSTRIELLE
H. DESFORGES
29, QUAI DES GRANDS-AUGUSTINS, 29

PRÉFACE

Dans ce volume, nous avons cru devoir passer rapidement sur les anciennes méthodes de couverture en tuiles, chaume, etc., pour donner des détails plus complets sur les procédés modernes, tels que la tôle ondulée, le zinc, le fibro-ciment, les couvertures en papier, etc., qui ont maintenant fait leurs preuves et qui remplaceront peu à peu dans les bâtiments modernes les toitures des anciens modes.

Le problème de la couverture des bâtiments est des plus complexes et il donne encore le champ libre aux inventeurs. Les méthodes classiques étant connues de tous, nos lecteurs trouveront sans doute plus d'intérêt à voir exposer ici les idées nouvelles avec un peu plus de développements que les anciennes.

R. C.

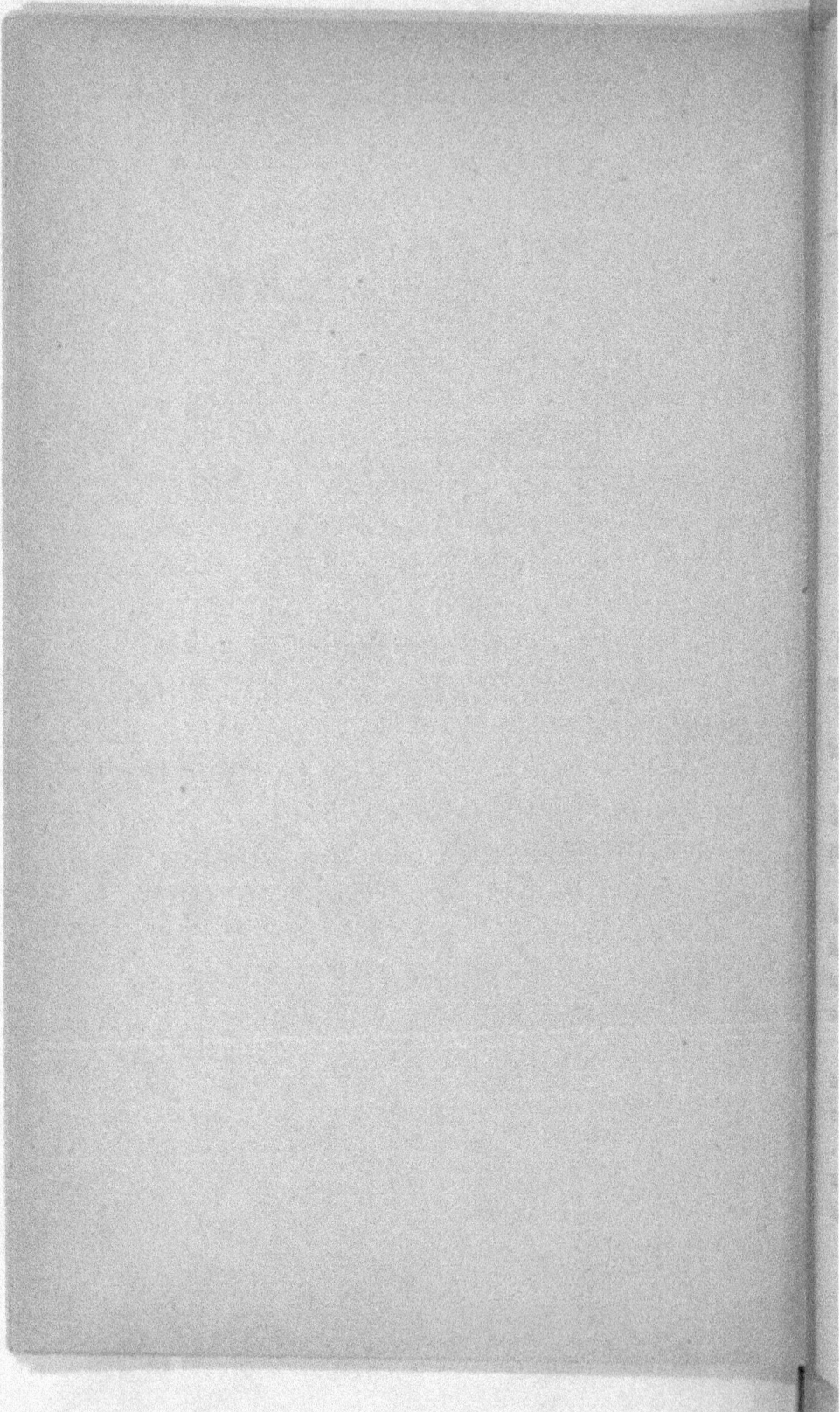

CHAPITRE PREMIER

GÉNÉRALITÉS
SUR LES TOITURES DES BATIMENTS

Les principales qualités à rechercher dans une toiture, sont :

1º *La légèreté* qui permet d'économiser sur la construction de la charpente.

2º *L'imperméabilité* à la pluie et à la neige. (La neige, chassée par le vent, s'introduit sous certaines tuiles qui sont cependant imperméables à la pluie.)

3º *L'incombustibilité* qui protège le bâtiment contre l'incendie occasionné par les flammèches des cheminées ou d'incendies voisins. (Les Compagnies d'assurances exigent une prime fort élevée pour les toitures combustibles.)

4º *L'inconductibilité* au froid et à la chaleur, qui permet de maintenir une température plus régulière dans le bâtiment.

5º *La résistance* à la destruction par les agents atmosphériques ; ce qui assure la longue durée de la toiture.

6º *L'économie* dans le prix d'achat et de pose.

Pentes des toitures. — La pente à donner à une toiture dépend du climat et aussi de la nature de la couverture. Dans notre volume IV, page 95, nous avons examiné la question des pentes des toits en raison du

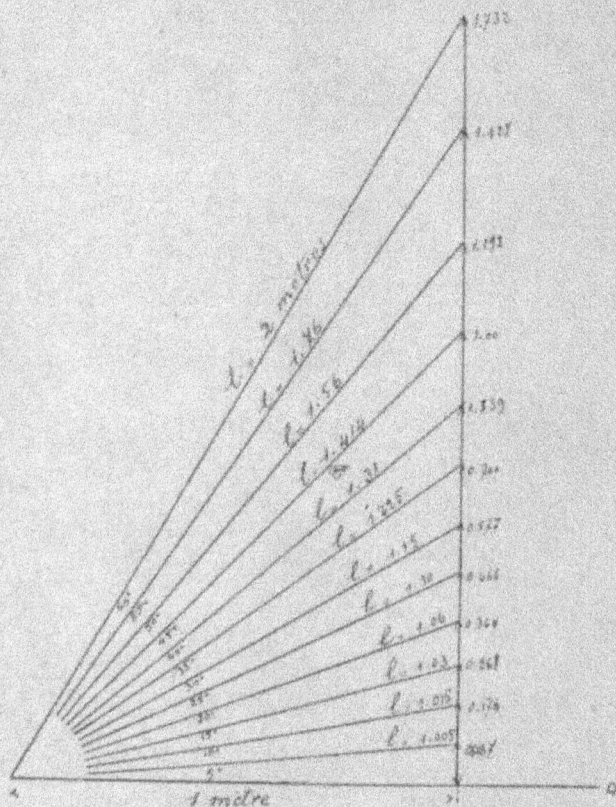

Fig. 1. — Pente par mètre pour les divers degrés d'inclinaison des toitures.

climat ; nous donnons ci-après le tableau des pentes à employer selon la nature des couvertures ; ces pentes doivent être modifiées selon le climat du pays où l'on construit, c'est-à-dire que pour un pays à grandes pluies et vents violents, on fera la pente plus forte que pour un climat calme et sec.

La figure 1 indique les valeurs de la *pente par mètre* pour les degrés usuels des inclinaisons des toitures et la longueur correspondante du rampant.

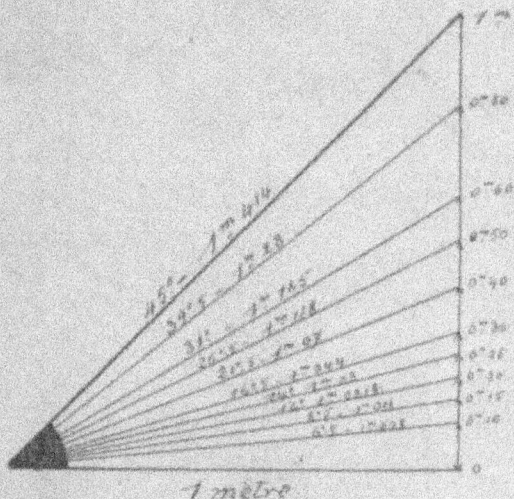

Fig. 2. — Angles de pente et longueur des rampants pour les différentes pentes par mètre.

La figure 2 indique les angles de pente et la longueur des rampants pour les différentes pentes par mètre horizontal. L'ancienne règle qui indiquait pour la pente d'une toiture un tiers de la largeur de l'édifice n'a plus aucune raison d'être à cause de la grande diversité des matériaux employés maintenant pour couvrir les toits.

Une toiture se termine au sommet par un faîtage qui réunit les deux rampants et, en bas, par une partie dépassant en porte à faux les murs du bâtiment. Cette partie s'appelle *auvent* ou *queue*. Elle existe le plus souvent aussi du côté des murs pignons et protège les murs de la chute des eaux pluviales.

Dans les toitures en tuiles et en ardoises, on nomme *pureau* la partie restant apparente après la pose des tuiles ou ardoises en recouvrement les unes sur les autres. Le pureau est généralement égal au tiers de la surface totale des tuiles plates ou des ardoises.

Inclinaison et poids des diverses couvertures des bâtiments.

Nature du revêtement	Poids au mètre carré kilos :	Inclinai- sons en degrés	Pente par mètre
Chaume de paille	12 à 20	45 à 60	1 à 1,73
Roseaux	10 à 15	45 à 60	1 à 1,73
Bardeaux chêne	40 à 45	45	1
Bardeaux sapin...........	20 à 25	45	1
Tuiles plates grand moule .	80 à 85	25 à 60	0,50 à 1,73
Tuiles plates petit moule..	60 à 80	35 à 60	0,70 à 1,73
Tuiles romaines ou flamand	80 à 90	21 à 27	0,40 à 0,50
Tuiles creuses maçonnées.	135	27 à 30	0,50 à 0,50
Tuiles mécaniques	40 à 60	21 à45	0,40 à 1
Ardoises	25 à 30	30 à 60	0,50 à 1,73
Fibro-ciment	10 à 12	18 à 25	0,30 à 0,50
Cuivre laminé n° 20	6,15	15 à 25	0,25 à 0,50
— — n° 25......	7,65	15 à 25	» »
Zinc n° 14	5	15 à 25	» »
— n° 15	7	15 à 25	» »
— n° 16	9	15 à 25	» »
Tôle galvanisée de 0,0006 .	7	15 à 30	0,25 à 0,50
— de 0,001....	9	15 à 30	0,25 à 0,50
Plomb en feuilles	40 à 60	5 à 30	0,09 à 0,50
Carton bitumé, Ruberoïd.	3 à 5	10 à 30	0,17 à 0,50
Mastic bitumeux ou ciment	25 à 40	15 à 25	0,25 à 0,50
Verre demi-double	5 à 6	15 à 30	0,25 à 0,50
Verre double............	8 à 10	15 à 30	0,25 à 0,50
Verres striés	10 à 12	5 à 20	0,09 à 0,35

Toitures en chaume. — Très employées autrefois, ces toitures tendent à disparaître parce que les pailles battues à la machine sont brisées et ne permettent pas de faire de bons chaumes. Faites avec des pailles battues au fléau, à bras d'homme, ces toitures duraient au moins 25 ans et souvent beaucoup plus ; elles avaient l'avantage d'être légères, de bien protéger de la chaleur et du froid et de pouvoir être établies sur des charpentes rustiques, faites en bois à peine équarris, simplement chevillés ensemble. L'inconvénient des toits en chaume est leur combustibilité qui soumet le bâtiment à un risque permanent d'incendie. Le chaume se pose soit sur des chevrons cloués sur les pannes de la charpente, soit sur des perches attachées aux pannes par des liens en osier ; en travers de ces chevrons, ou perches, on attache des *perchettes* distantes de 0 m. 20 à 0 m. 30. Pour être bonne, la paille doit avoir 1 m. 20 de longueur, on l'emploie en petites bottes ou *javelles* de 0 m. 20 à 0 m. 30 de diamètre que l'on fixe les unes à côté des autres sur les perchettes, les épis en bas, avec des liens d'osier. On commence par le bas de la toiture et chaque rang ou *orgne* recouvre les deux tiers du rang inférieur. Quand la couverture est terminée, l'ouvrier la lisse avec une *palette* en bois, puis avec un *peigne* ou râteau à dents très serrées.

Le faîtage s'exécute en posant des javelles à cheval sur les deux rampants du toit ; puis on recouvre le sommet avec de la terre argileuse dans laquelle on sème des plantes dont les racines maintiennent cette terre.

On rogne le bas du chaume qui forme égout d'eau. Un bon chaume a 0 m. 25 à 0 m. 30 d'épaisseur, une pente de 45° degrés au moins et pèse 20 kilos environ le mètre carré ; il coûte 3 à 4 francs le mètre carré.

Toitures en paillassons. — On obtient une couverture économique et très légère pour petites constructions de parcs et jardins en formant des *paillassons* avec des javelles de paille de seigle ou de blé, de 0 m. 10 à 0 m. 15 de diamètre, liées ensemble avec de la ficelle goudronnée, du fil de fer galvanisé ou même de l'osier ou des liens en paille. Ces paillassons se posent avec des clous sur lattis ou sur voligeage.

Toitures en roseaux. — Avec des roseaux de marais on peut faire des couvertures analogues à celles de chaume qui, d'après Rondelet, peuvent durer plus de 40 ans sans aucune réparation ; il faut, dit cet auteur, n'espacer les perchettes que de 3 pouces (environ 0 m. 08) et lier les roseaux en plusieurs endroits, car ils sont sujets *à couler* ou glisser sur la pente du toit.

Enduit incombustible pour toitures en chaume ou roseaux. — On applique sur les toitures en chaume ou roseaux une épaisseur d'un centimètre du mélange suivant

Terre glaise	7 parties
Carbonate de soude	1 partie
Crottin de cheval	1 partie
Chaux vive..........................	1 partie

Eau en quantité suffisante pour former une pâte liante que l'on étend à la truelle ; s'il se produit des fentes dans cet enduit, on les rebouche avec la même composition

Bardeaux pour toitures. — Les *bardeaux* sont des planchettes très minces en chêne ou en sapin, on les nomme aussi *échandoles*. Les meilleurs bardeaux sont en bois de fil sans nœuds refendus à la hache ou au couperet ; on fait maintenant des bardeaux sciés qui ne valent pas à beaucoup près les précédents. L'épaisseur des bardeaux varie de 3 à 15 millimètres ; ils ont la forme rectangulaire, soit 0 m. 20 à 0 m. 40 de longueur dans le sens du fil du bois (sens d'écoulement de l'eau), et 0 m. 07 à 0 m. 15 de largeur.

Les bardeaux s'emploient comme les ardoises sur une pente rapide, 40° environ, et aussi pour recouvrir les murs verticaux ou les brisis et les protéger de la pluie. Il est bon de peindre ou tremper les bardeaux dans un liquide conservateur tel que le carbolineum ou carbonyle, qui les durcit et les empêche de pourrir.

On pose les bardeaux avec des clous, soit sur un voligeage, non jointif, soit sur des lattes espacées convenablement pour avoir le recouvrement des bardeaux et le *pureau* d'environ un tiers à un demi du bardeau.

Les bardeaux étroits sont moins sujets à se fendre que les larges, mais leur pose est plus coûteuse.

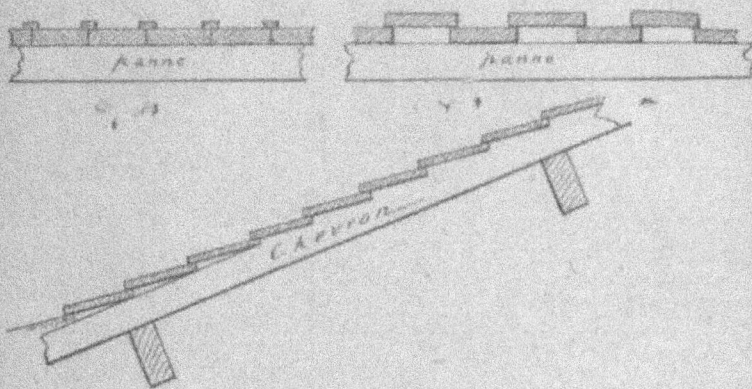

Fig. 3 à 5.

Planches à recouvrement. — Pour des constructions légères ou provisoires, on fait des couvertures en planches avec couvre-joints, la planche étant posée dans le sens de la pente du toit (fig. 3 et 4) ou en planches se recouvrant l'une l'autre de quelques centimètres, de façon à former égout d'une planche sur la suivante (fig. 5). Ces planches se posent directement sur les pannes, pour celles en long avec couvre-joints, ou directement sur les chevrons pour celles en travers à recouvrement. En peignant ces planches avec du goudron bouillant ou avec du carbonyle, on leur assure une durée de plusieurs années, qu'il est facile de prolonger, pour ainsi dire indéfiniment, en renouvelant à temps la peinture.

CHAPITRE II

TOITURES EN CARTON OU FEUTRE

Toitures en carton bitumé. — Employé depuis plus de 50 ans, le papier ou carton bitumé fournit des toitures économiques, imperméables et très légères, qui peuvent durer plus de 10 et 15 ans à la condition qu'on ne marche pas dessus et qu'on ait le soin d'y passer une couche de goudron tous les 2 ou 3 ans. On fait du carton bitumé *sablé* ou *briqué* pour empêcher les risques d'incendie par flammèches. (Ceci s'obtient en saupoudrant le goudron chaud étendu sur le papier ou carton, avec du sable ou de la brique pilée et tamisée à grosseur convenable.)

Les *cartons cuir armé* sont des cartons bitumés dans l'intérieur desquels on a incorporé une toile métallique ou treillage à larges mailles ; ces cartons armés peuvent se poser sans voligeage, comme il est dit ci-après.

Les cartons bitumés peuvent servir aussi à recouvrir des murs exposés à la pluie ou pour interposer entre des murs humides et des tentures intérieures, sous des tuiles, pour former isolant et arrêter la neige, sous des parquets pour arrêter l'humidité du sol, etc. Ils se fabriquent en rouleaux de 12 mètres de long sur 1 mètre, 1 m. 10 et 1 m. 40 de largeur.

Les *cartons-cuir armés* ou *non armés* peuvent s'appliquer à toutes les pentes ; celle qui leur est la plus favorable varie entre 25 et 30 centimètres par mètre.

Les chevrons sont placés à une distance maximum de 50 centimètres d'axe en axe.

Le voligeage ou plancher doit être jointif, formé de planches sèches, bien unies et de la même épaisseur.

Ces planches se posent parallèlement à la gouttière et perpendiculairement à la pente (fig. 6).

Fig. 6.

Les madriers en sapin du Nord, de 8 sur 22 centimètres, sciés en cinq, donnent d'excellentes voliges.

Pour l'emploi des cartons, le côté sablé doit être exposé à l'intempérie. Les rouleaux de carton-cuir ou de carton bitumé, de 12 mètres sur 1 mètre de largeur, se placent parallèlement à la ligne du faîtage, en commençant par la gouttière et en leur faisant faire les uns sur les autres un simple recouvrement de 10 centimètres. (Ce recouvrement est indispensable pour éviter les remontées d'eau.)

La première bande doit dépasser la volige, au bord

de la gouttière, de 5 centimètres, de façon à former un rabattement qui empêche l'action du vent.

Les bandes de carton sont d'abord fixées avec des clous à ardoises à larges têtes (23/15 du commerce), placés seulement sur la bordure supérieure. Cette bordure se trouve ensuite cachée par le recouvrement de la bande du dessus.

On procède ainsi jusqu'au faîtage, où se place, si la toiture a deux pentes, une bande à cheval formant faîtage et recouvrant de 10 centimètres de chaque côté sur les deux bandes inférieures ; si la toiture n'a qu'une seule pente et est adossée à un mur, on relève la dernière bande de 10 centimètres et on la fixe dans le mur par une petite tringle et un petit solin en plâtre par dessus. Si la toiture n'a pas d'adossement, on rabat simplement la bande de carton en la fixant par une tringle.

Ce travail fait, on fixe définitivement la couverture de haut en bas, avec des tringles ou petites lattes en bois de sapin, de 2 centimètres de largeur sur 5 millimètres d'épaisseur *clouées sur les chevrons en plein bois*, au moyen de pointes longues et minces (35/11 du commerce), à 15 centimètres les unes des autres.

On place ensuite la tringle de bord, fixant le rabattement de la première bande, le long de la gouttière, ainsi que sur les deux côtés de la toiture.

Si la toiture a plus de 12 mètres de long, on réunit les rouleaux par un recouvrement indispensable de 50 centimètres, c'est-à-dire d'une tringle ou d'un chevron à l'autre.

L'entretien consiste à enduire, environ tous les 18 mois, la couverture au moyen de grandes brosses à longs manches, de goudron bouillant qu'on saupoudre, s'il est possible, de sable fin et sec. Il faut que

ce sable tombe sur le goudron encore chaud, dès que
ce dernier est étendu sur le toit.

Avoir soin qu'aucun clou n'entre directement dans
le carton, le clouage de la tringle suffisant à maintenir
la couverture. Observer que cette tringle soit toujours
clouée en plein bois (les clous dans le vide occasionnant
des trous et par suite des fuites).

Les ouvriers couvreurs ne doivent monter sur la
couverture que munis de chaussons et il faut, autant
que possible, éviter que des ouvriers étrangers montent sur la toiture une fois qu'elle a été terminée.

Fig. 7.

Pour la pose des cartons cuir armé, sans voligeage,
on coupe les bandes de carton de la longueur de la
pente, plus 0 m. 10 pour le rabattement dans la gouttière, puis on les place de haut en bas, les chevrons
étant à l'écartement de 0 m. 45 d'axe en axe.

Chaque bande portera sur trois chevrons et recouvrira la précédente de 0 m. 10. Les bandes seront bien
tendues, fixées par des clous à large tête, 23/15 du
commerce.

On n'a plus qu'à clouer définitivement les lattes
sur chaque chevron en plein bois au moyen de pointes
longues et minces, 35/11 du commerce, à 0 m. 15 les
unes des autres (fig. 7).

(Lattes en sapin de 0 m. 02 sur 0 m. 005.)

Les couvertures en carton bitumé sur voliges coûtent 1 fr. 50 à 2 francs le mètre carré ; celles en carton armé sur voliges coûtent 3 fr. 50 et sur chevrons, 2 fr. 50 environ le mètre carré.

Poids, y compris les voliges, 6 à 7 kilos par mètre carré.

Rubéroïd. — C'est un feutre de laine imprégné d'une dissolution à base de caoutchouc, qui s'emploie comme le carton bitumé ; on colle ensemble les feuilles de rubéroïd avec une colle spéciale et on les cloue sur la volige avec des clous galvanisés à larges têtes.

Les figures ci-après montrent la manière de faire les raccordements de toitures en carton bitumé ou en rubéroïd.

Fig. 8. — Raccordement sur tasseaux triangulaires.
Fig. 9 et 10. — Arêtiers et faîtages.
Fig. 11, 12 et 13. — Raccords sur gouttières.
Fig. 14. — Raccords sur chêneaux.
Fig. 15. — Raccord de bandes en rives.
Fig. 16. — Raccord de cheminée.
Fig. 17. — Raccord avec solin en plâtre ou ciment.
Fig. 18. — Raccord avec mur en briques sur terrasse.
Fig. 19. — Raccord avec lanterneau ou cheminée d'air.
Fig. 20. — Raccord avec mur sur toiture en pente.

Toitures en amiante hydrofuge. — L'amiante en feuilles imprégnée d'un enduit goudronneux qui la rend imperméable, permet de faire des toitures très légères et incombustibles, ainsi que des revêtements isolants.

Pour couvertures d'usines, ateliers, hangars, etc.,

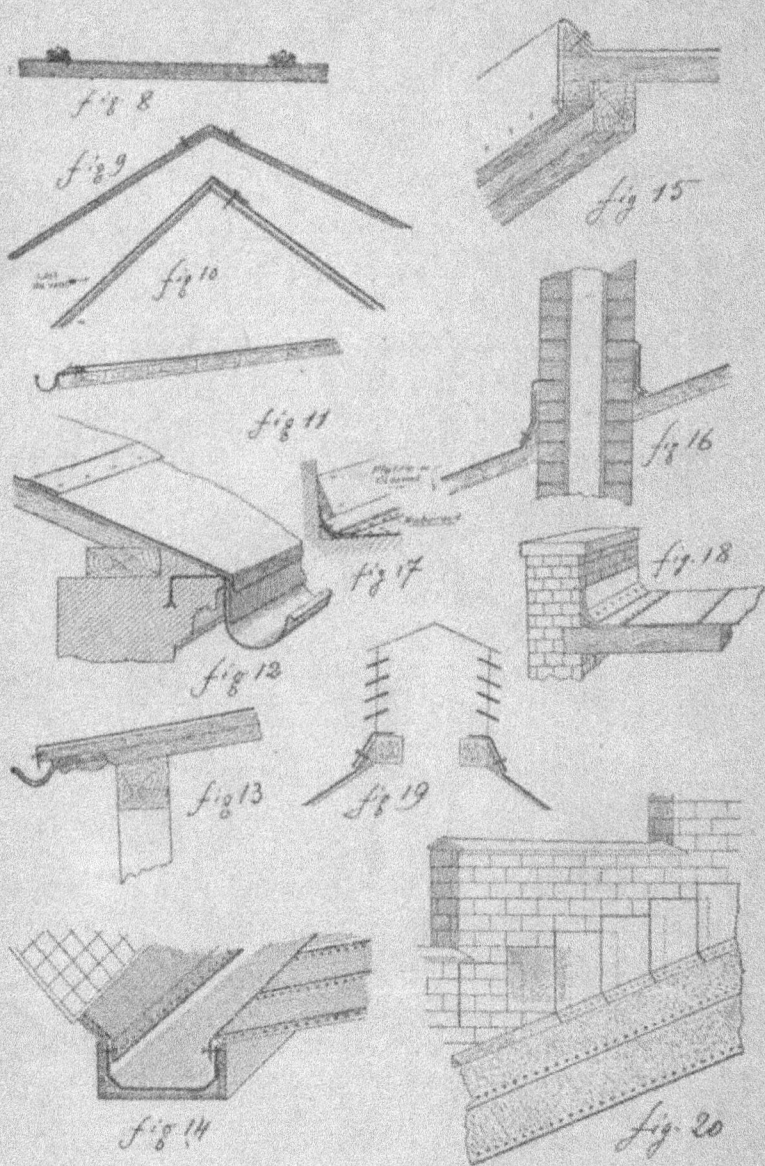

fig 8

fig 9

fig 10

fig 11

fig 12

fig 13

fig 14

fig 15

fig 16

fig 17

fig 18

fig 19

fig 20

les ardoises d'amiante s'emploient en 1 m. × 1 m.
Seules, les petites toitures de chalets, kiosques, etc.,
se font parfois en 0 m. 50 × 0 m. 50 ; mais dans cette
dimension, le mètre superficiel revient à 20 p. 100 de
plus.

Toutes deux se placent en losange. Sur un voligeage
ou parquet de 18 millimètres ou plus d'épaisseur, on
les fixe avec des clous à calottin. Sur voligeage plus
mince (10 à 13 millimètres) il est préférable d'employer les pattes galvanisées, surtout quand le voligeage est vieux (fig. 21).

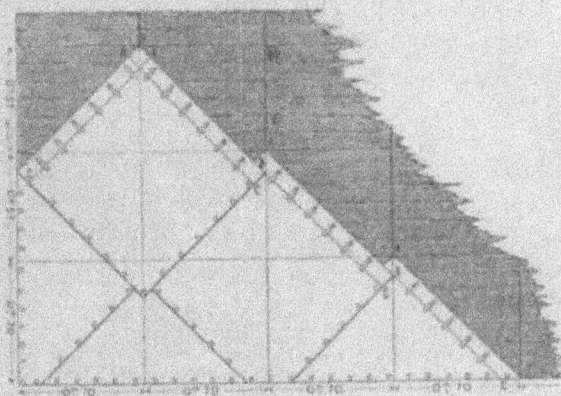

Fig. 21.— Ardoises d'amiante hydrofuge posées avec pattes galvanisées

Les revêtements extérieurs se font généralement en
ardoises de 0 m. 50 × 0 m. 50 posées en losange et
fixées avec des clous à calottin en zinc.

Pour de grandes surfaces, on trouve une certaine
économie dans l'emploi d'ardoises de 1 m. × 1 m. posées en carrés, avec un recouvrement de 3 à 4 centimètres dans les deux sens.

Les revêtements intérieurs contre l'humidité se font
en feuilles de 2 m. × 1 m. ou 1 m. × 1 m. de la même
qualité que l'amiante pour toiture.

Celles-ci se posent directement sur les plâtres sal-
pêtrés. On les colle avec de la céruse, ou de la dex-
trine et de la colle de seigle mélangées. Si l'on ne doit
pas mettre de moulures, il est utile de consolider les
feuilles de place en place avec des clous en cuivre ou
galvanisés.

L'amiante peut se peindre à l'eau ou à l'huile. Dans
ce dernier cas, il faut l'imprégner de couleur à l'huile
grasse siccative, ou bien l'encoller afin de diminuer
son absorption d'huile.

Le prix de ces couvertures est de 3 à 4 francs le
mètre carré (voligeage en sus). Poids, 2 à 4 kilos.

Toitures en papier et ciment volcanique. — Ces toitures qui s'appliquent surtout aux terrasses et toits
à faible pente ont donné des résultats remarquables
de durée et d'économie ; elles sont constituées par
plusieurs feuilles de papier parcheminé collées ensemble au moyen d'une préparation à base d'asphalte
appliquée à chaud. Voici la manière de procéder pour
leur pose.

On dispose le solivage comme pour le plancher d'un
étage, en donnant une inclinaison de 2 à 5 centimètres par mètre vers le chêneau, ou vers un angle du
bâtiment s'il ne doit pas y avoir de chêneau.

Sur ce solivage, s'il est en bois, on fixe un plancher
en sapin rainé ou bouveté de choix inférieur, mais
cependant exclu de nœuds, pouvant se détacher et
aussi régulier d'épaisseur que possible, de façon à
n'avoir pas de ressauts et à présenter une surface qui
doit être plane et égale sans rebords ni têtes de clous.

Si le solivage est en fer avec voûtains, remplir ces
voûtains avec un béton léger en scories et chaux, par
exemple, et couler par dessus un petit lait de ciment
pour avoir un sol ferme et uni.

On prépare d'avance les raccords en zinc, de ma-

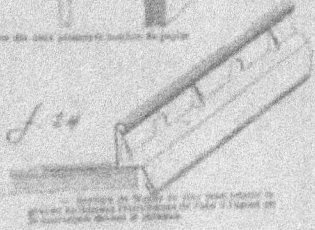

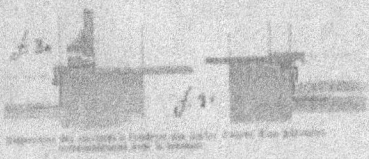

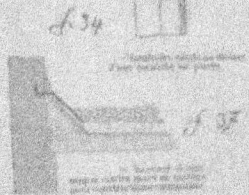

nière que leur pose s'effectue simultanément avec le travail de couverture.

Etendre, à l'aide d'un tamis, régulièrement et uniformément sur le plancher ou béton, une couche de sable fin très sec, de 2 à 3 millimètres d'épaisseur. Cette couche de sable a pour but d'isoler la couverture du support qui peut ainsi jouer facilement et aussi d'empêcher toute adhérence entre eux, afin qu'en cas de mouvement dans la charpente, la couverture n'en subisse pas les effets.

Le ciment volcanique est renfermé dans des tonneaux et s'y trouve à l'état mou, mais non liquide ; pour l'employer, il faut le liquéfier en le chauffant. Cette opération se fait sur la toiture même, alternativement dans deux ou trois chaudrons sur un poêle portatif.

On dispose ensuite sur la couche de sable un papier spécial en rouleaux de 60 à 90 mètres de longueur et environ 1 m. 40 à 1 m. 60 de lageur, que l'on déroule sur la couche de sable d'un bout à l'autre de la toiture, perpendiculairement au chéneau, c'est-à-dire dans le sens de la pente et de manière qu'un rouleau recouvre l'autre de 15 centimètres environ. Ni le revers, ni le recouvrement de cette première couche ne sont enduits de ciment (fig. 22).

Contre les murs, bandeaux ou saillies, avoir soin de relever le papier de quelques centimètres.

Cela fait, une équipe (composée de deux aides enduiseurs et d'un ouvrier colleur) procède alors à la pose de la deuxième couche de papier, pour mieux lier le tout on commence par un rouleau ayant seulement demi-largeur, de sorte que le deuxième rouleau recouvrira le croisement de la première couche.

Les deux aides (munis chacun d'une brosse à longs poils souples fixée obliquement à un long manche) étendent le ciment chaud sur le premier papier en couche mince et régulière de la largeur de la feuille de papier à placer dessus, pendant que l'ouvrier colleur leur faisant face déroule sur le ciment étendu la deuxième feuille de papier et la presse avec la main pour la coller ainsi à chaud sur la première feuille, en évitant le moindre pli ; le rouleau suivant est posé contre le précédent, de manière à ce qu'il recouvre celui-ci de 10 à 12 centimètres et ainsi de suite on achève la pose de la deuxième couche de papier.

A ce moment le zingueur place les raccords en zinc préalablement préparés se composant de la bordure d'égout en zinc destinée à retenir le gravier et à faciliter l'écoulement de l'eau dans le chéneau (ou des cuvettes s'il n'y a pas de chéneau) et des bandes de raccords (bordures de rives) contre les murs, les cheminées, les châssis, etc., en les fixant sur la couverture au moyen de petites pointes à têtes plates de 2 à 3 centimètres de longueur. On doit très bien ajuster le papier aux angles et ne pas le déchirer ; avoir bien soin de souder *solidement* toutes les jonctions.

Lorsque tous ces raccords sont en place, l'équipe des colleurs procède à la pose de la troisième couche de la même façon que la précédente, en commençant par un rouleau d'entière largeur (toujours pour recouvrir complètement les jonctions des couches précédentes) et recouvrant la partie horizontale des raccords en zinc

La quatrième et dernière couche de papier est posée sur la troisième de la même manière, puis on l'enduit de ciment.

Il est indispensable que ce travail soit exécuté proprement et sans plis, mais aussi le plus rapidement possible et que le papier soit placé de suite sur le ciment chaud afin d'obtenir la plus *grande adhérence*.

Pour ne pas endommager la couverture, les ouvriers ne doivent pas conserver de souliers à clous et talons ; ils doivent se munir de pantoufles, d'espadrilles ou autres chaussures semblables ; si par inadvertance des ouvriers il se produit des trous ou des déchirures dans le papier, il faut les réparer en plaçant sur ces trous des morceaux de papier enduits de ciment, avant de placer la feuille suivante.

Après avoir enduit de ciment la quatrième couche de papier plus fortement que les précédentes, on la couvre d'une couche de 2 centimètres de sable fin, cendres de charbons ou scories pilées très fines et enfin, par-dessus celle-ci, on en dispose une autre de 3 à 5 centimètres d'épaisseur de gravier de rivière que l'on peut lier avec du sable argileux pour lui donner plus de consistance. A défaut de ces matériaux, en prendre de similaires ou remplissant le même but, ou encore des plaques de gazon.

Ce revêtement est nécessaire pour préserver le ciment des influences atmosphériques, et celui-ci prend ensuite, tout en conservant son élasticité, une dureté pour ainsi dire métallique.

On peut alors par-dessus le revêtement de gravier étendre de la terre végétale et convertir le toit en jardin, ou disposer un carrelage céramique, dallage, béton, etc., suivant le gré de l'occupant.

Sous le plancher, lorsqu'il est en bois, surtout lorsqu'on veut appliquer un plafond immédiatement dessous, on doit avoir soin de ménager un courant d'air afin d'empêcher le bois de fermenter sous la clôture hermétique de la couverture et du plafond.

Le ciment volcanique s'emploie pour tous les cas où il y a des infiltrations, de l'humidité à combattre, soit comme enduit sur la maçonnerie brute avant l'enduit en plâtre pour assainir les murs humides, soit comme lit isolant hydrofuge sur les fondations à la sortie du sol, soit comme chape imperméable sur voûtes de caves, voûtes de ponts, sous-sols et sous le pavage.

La charge à supporter par un toit en ciment volcanique se compose du plancher, de la couverture proprement dite, — environ 4 kilog. par mètre — du revêtement sable et gravier (selon l'épaisseur), de la charge fortuite de la neige, du séjour éventuel des personnes, et varie de 80 à 200 kilogrammes et plus par mètre carré. Le prix de la livraison de ces toitures complétement achevées est d'environ de 4 fr. 50 à 3 fr. 75 le mètre carré, suivant l'importance du travail, non compris le plancher, les raccords de zinc et le gravier.

Les figures 22 à 37 montrent la pose du ciment volcanique dans les diverses parties des toitures.

CHAPITRE III

TOLE ONDULÉE

Les tôles de fer ou d'acier doux d'épaisseur variable entre 1/2 et 3 millimètres, ondulées dans le sens de l'écoulement de l'eau, permettent de faire des toitures légères, économiques, se posant directement sur les pannes, sans chevrons ni voliges, les ondulations donnant à la tôle une raideur suffisante pour qu'elle puisse supporter le poids d'un homme malgré l'absence de soutien entre les pannes.

Fig. 28.

Pour préserver la tôle de l'oxydation, on la **galvanise** au bain de zinc ou bien on la recouvre d'une épaisse peinture vernissée qu'il est bon de renouveler pour prolonger longtemps la durée des tôles.

Fig. 39. — Couverture en tôle ondulée.

Les tôles ondulées se vendent environ 45 à 50 francs les 100 kilos suivant épaisseur.

Nous donnons ci-après toutes les indications sur leur poids et pose sur charpentes planes, mais elles sont susceptibles de constituer des toitures *sans charpente* en les réunissant bout à bout par des rivets et en les cintrant avec des machines spéciales. La portée de ces toitures sans charpente peut atteindre jusqu'à 6 mètres de portée, selon la figure 38.

Dans les charpentes en bois, nous conseillons de mettre les ventrières ou pannes sapins 6 1/2 × 17. La portée maximum est de 5 mètres.

Quand la construction doit être montée d'une façon stable et définitive, on cloue ou bien on visse la tôle avec des clous ou vis galvanisés garnis de rondelles de plomb pour empêcher la pénétration de l'eau. Cette fixation résiste aux vents les plus violents (fig. 50).

Il faut deux vis par tôle de 0,65 de largeur, une aux extrémités et une au milieu. Lorsque les tôles sont posées à leur place, on les perce avec un poinçon carré ou rectangulaire en acier, en l'enfonçant dans le bois d'environ 2 centimètres. On enlève le poinçon en lui faisant subir un mouvement de rotation et on pose alors la vis avec sa rondelle en plomb.

ACCESSOIRES GALVANISÉS

Boulons Tirefonds Vis Clous

Fig. 40 à 49.

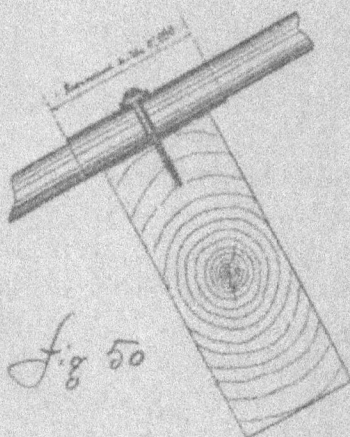

fig 50

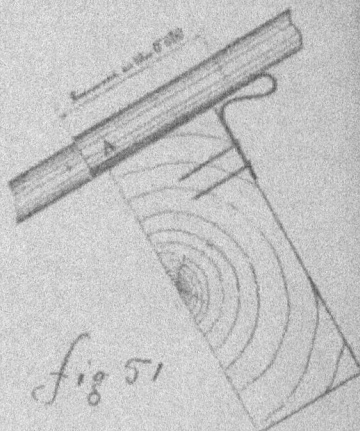

fig 51

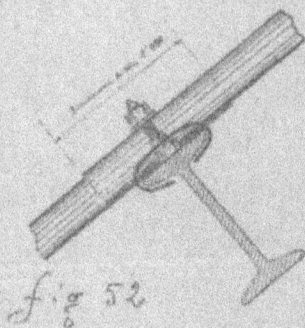

fig 52

fig 53

fig 54

Quand la construction est susceptible d'être démontée, il est préférable d'employer des agrafes (fig. 51) qui ont l'avantage de ne pas demander le percement des tôles.

Il faut trois agrafes par tôle de 0 m. 65 de largeur sur chaque ligne de ventrières ; une aux extrémités et deux dans la largeur. On fixe le crochet sur la pièce de bois avec deux clous. On enfile dans l'agrafe la tôle inférieure, on pose la tôle supérieure et on ferme le crochet en A, avec un petit outil spécial qui est livré avec les crochets.

Les fers formant ventrières ou pannes recevant les tôles sont en fer à I, ailes ordinaires de 0,080, poids environ 6 kil. 500 au mètre.

La portée maximum des ventrières est de 5 mètres.

Quand la construction n'est pas susceptible d'être démontée, il est préférable d'employer les agrafes à boulons ci-contre qui résistent au vent le plus violent (fig. 52).

Il faut deux agrafes par tôle de 0 m. 65 de largeur, une aux extrémités et la seconde au milieu.

On place le crochet avec le boulon sur le fer à I en le fermant en C avec un coup de marteau. Quand la tôle est en place, on frappe sur elle près du boulon qui, étant pointu, la perce. On place la rondelle en plomb et ensuite l'écrou.

Quand la construction est susceptible d'être démontée, il est préférable d'employer les agrafes (fig. 53) ou celles fig. 40 à 49.

Il faut trois agrafes par tôles de 0 m. 65 de largeur, sur chaque ligne de ventrière ; une aux extrémités et deux dans la largeur. On fixe le crochet en fer en I en le fermant avec un marteau en B. On enfile dans l'agrafe la tôle inférieure, on pose la tôle supérieure et on ferme le crochet en A avec un outil spécial qui

TÔLE ONDULÉE GALVANISÉE
Vue de face

Largeur totale

Largeur utile

PROFILS DES TÔLES ONDULÉES

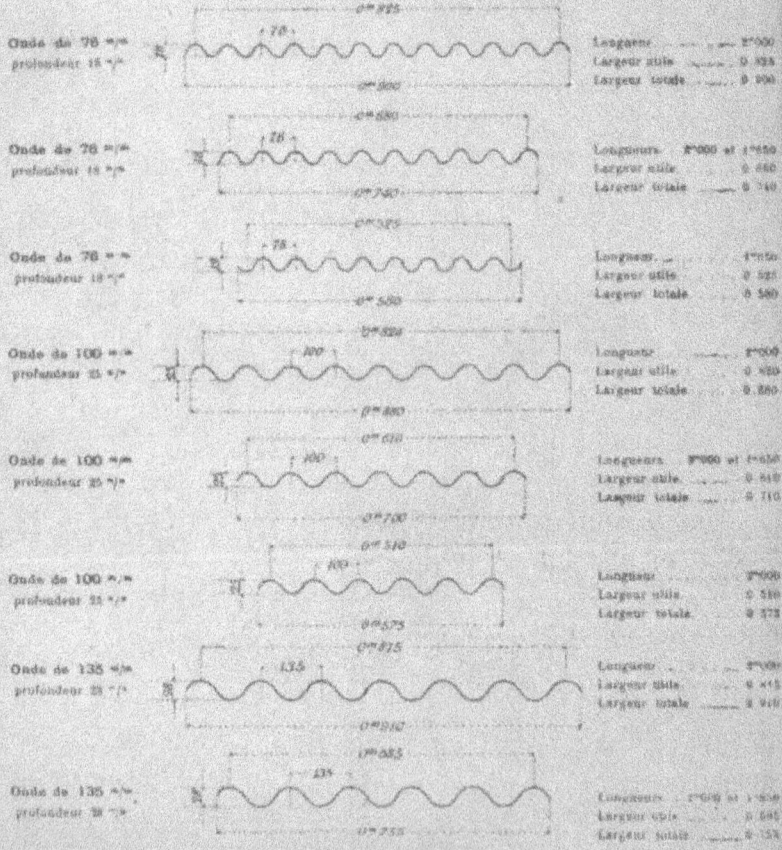

Onde de 76 m/m
profondeur 15 m/m

Longueur _____ 2m000
Largeur utile _____ 0.825
Largeur totale _____ 0.900

Onde de 76 m/m
profondeur 18 m/m

Longueurs 2m000 et 1m650
Largeur utile _____ 0.660
Largeur totale _____ 0.740

Onde de 76 m/m
profondeur 18 m/m

Longueur _____ 1m650
Largeur utile _____ 0.525
Largeur totale _____ 0.580

Onde de 100 m/m
profondeur 25 m/m

Longueur _____ 2m000
Largeur utile _____ 0.800
Largeur totale _____ 0.880

Onde de 100 m/m
profondeur 25 m/m

Longueurs 2m000 et 1m650
Largeur utile _____ 0.640
Largeur totale _____ 0.710

Onde de 100 m/m
profondeur 25 m/m

Longueur _____ 2m000
Largeur utile _____ 0.500
Largeur totale _____ 0.575

Onde de 135 m/m
profondeur 25 m/m

Longueur _____ 2m000
Largeur utile _____ 0.815
Largeur totale _____ 0.910

Onde de 135 m/m
profondeur 30 m/m

Longueurs 1m650 et 1m850
Largeur utile _____ 0.545
Largeur totale _____ 0.755

est livré avec les crochets. Les tôles ainsi fixées dans le bas et dans le haut ne peuvent plus bouger.

Hauteur des tôles	Distance d'axe en axe des ventrières avec recouvrement de 0,08
—	—
2,000	1,920
1,650	1,570
1,000	0,920
0,825	0,745
0,550	0,470
0,415	0,335

Pose des tôles ondulées. — La pose des tôles ondulées est fort simple et une personne quelconque peut l'exécuter sans le secours d'un homme du métier. On commence par poser au cordeau les feuilles du bas — en partant du côté opposé au mauvais vent — en les fixant à la partie inférieure. On passe ensuite en procédant toujours au cordeau, à la deuxième ligne, puis à la troisième, etc., jusqu'au faîtage. Il faut donner sur le côté un recouvrement de une ondulation et demie. Une feuille de 0 m. 65 de large couvre ainsi 0 m. 570 de largeur.

Zinc cannelé ou ondulé. — On vend ce zinc prêt à poser directement sur les pannes, comme la tôle on-

Fig. 63.

dulée ; la pose se fait au moyen de *pattes* en feuillard galvanisé que l'on cloue sur les pannes et de *gaînes*

que l'on soude sous les feuilles de zinc ondulé, comme
le montre la figure 63 ci-avant ; le poids de cette toiture est de 7 kil. 500 par mètre carré ; son prix de
revient est à peu près le même que celui de la tôle
ondulée galvanisée.

CHAPITRE IV

TOITURES EN TUILES

Les tuiles se font en terre cuite et en grès ; elles ont été employées depuis la plus haute antiquité.

Une bonne tuile doit être légère, compacte, sonore au choc, résistante à la rupture et surtout ne pas craindre la gelée. Une tuile mal cuite et poreuse absorbe de l'eau qui la rend susceptible de se fendre sous l'influence d'un gel subit.

Une couverture en tuiles de bonne qualité dure indéfiniment et il existe en France encore beaucoup de vieux bâtiments dont les toitures en tuiles plates ou en tuiles romaines sont plusieurs fois centenaires.

Les dimensions des tuiles varient avec chaque usine, ce qui est très regrettable et cause des difficultés lorsqu'on veut employer des vieilles tuiles de différentes provenances qui, naturellement, ne se raccordent pas correctement entre elles.

Nous ne pourrions pas passer en revue ici tous les formats de tuiles fabriquées en France, nous indiquerons seulement les principaux modèles ; c'est à l'acheteur de se renseigner chez son marchand sur le nombre des tuiles nécessaires par mètre carré de toiture et sur l'écartement des lattés. Les usines de fabrication des tuiles publient à cet égard des catalogues très détaillés.

Tuiles romaines. — Ces tuiles, appelées aussi *tuiles creuses* ou *tuiles à canal*, sont demi-cylindriques ou demi-cylindro-coniques. On pose sur voliges ou sur chevrons assez rapprochés, les tuiles de dessous qui servent d'égout ou *chanées* et on les recouvre par les tuiles de dessus formant *couvre-joint* ou *chapeaux*. Pour empêcher les tuiles de glisser sur la pente du toit, on les arrête avec des clous ou des fils de fer galvanisés passés dans les trous dont les tuiles sont percées à leur partie supérieure. Les rangs se recouvrent de 5 à 6 centimètres, comme le montrent les figures ci-dessous. Il faut environ 35 de ces tuiles par mètre carré, pesant 45 à 50 kilogrammes, inclinaison 20 à 27 degrés.

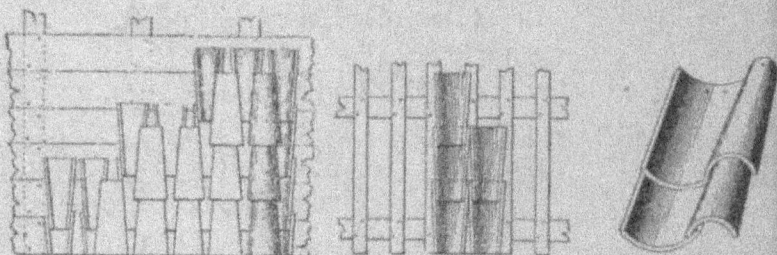

Fig. 64. — Tuiles romaines sur voliges.
Fig. 65. — Tuiles romaines sur chevrons.
Fig. 66. — Tuiles romaines avec trous pour fixage.

On fait aussi, à l'instar des anciennes tuiles grecques et romaines, des tuiles plates à rebords, appelées *tegole* ou *tegulae* dont on couvre les jonctions avec des tuiles demi-cylindriques appelées *canali* ou *imbrices*. La fig. 67 montre ce genre de tuiles et les figures 68 à 71 montrent les *tuiles romaines monumentales* de

E. Muller, à Ivry, dont il faut 11 tuiles par mètre carré, sur lattis à 0 m. 34 ; poids, 50 kilos environ par

Fig. 67. — Tuiles romaines à l'ancienne.

mètre carré. Ces tuiles sont d'un bel effet décoratif pour grandes toitures, on les fait en terre ou en grès.

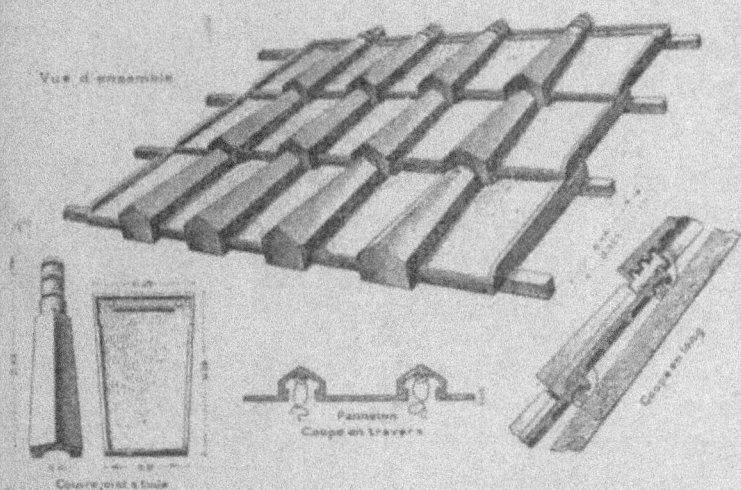

Fig. 68 à 71. — Tuiles romaines monumentales.

Tuiles flamandes. — Les *tuiles pannes* ou *flamandes* sont en forme d'S, se recouvrant l'une sur l'autre avec un talon d'accrochage pour pose sur lattis, ce qui per-

met de les employer sur des pentes assez fortes, de 25
à 40 degrés (fig. 72).

Fig. 72. — Tuiles flamandes.

Pose des tuiles creuses sur mortier. — En Italie, on
fait sur les chevrons de la toiture une sorte de dallage, en larges briques ou en pierres plates, sur lequel
on pose les tuiles romaines avec du mortier de chaux.
Une couverture analogue peut se faire sur un fort voligeage; elle est lourde, mais préserve bien de la chaleur
et du froid.

Les faîtages des toitures en tuiles romaines se font
avec de larges tuiles creuses demi-cylindriques, scellées avec du mortier sur les abouts supérieurs des tuiles
des deux rampants du toit.

Les tuiles romaines valent 130 francs environ le
mille.

Tuiles plates ou Bourgogne. — Ces tuiles conviennent
aux fortes pentes. Elles font de bonnes toitures, mais
trop lourdes pour les charpentes modernes, aussi ne
sont-elles pour ainsi dire plus employées. On les pose
sur des lattes où elles viennent s'accrocher par un talon
et on les fixe au besoin par des clous ou des ligatures ;

les tuiles plates clouées se posent sur un fort voligeage jointif.

Les tuiles de Bourgogne du *grand moule* ont 0 m. 31 × 0 m. 24 et 15 à 19 millimètres d'épaisseur ; elles pèsent 1 kil. 95 à 2 kil. 400 ; il en faut 42 par mètre carré.

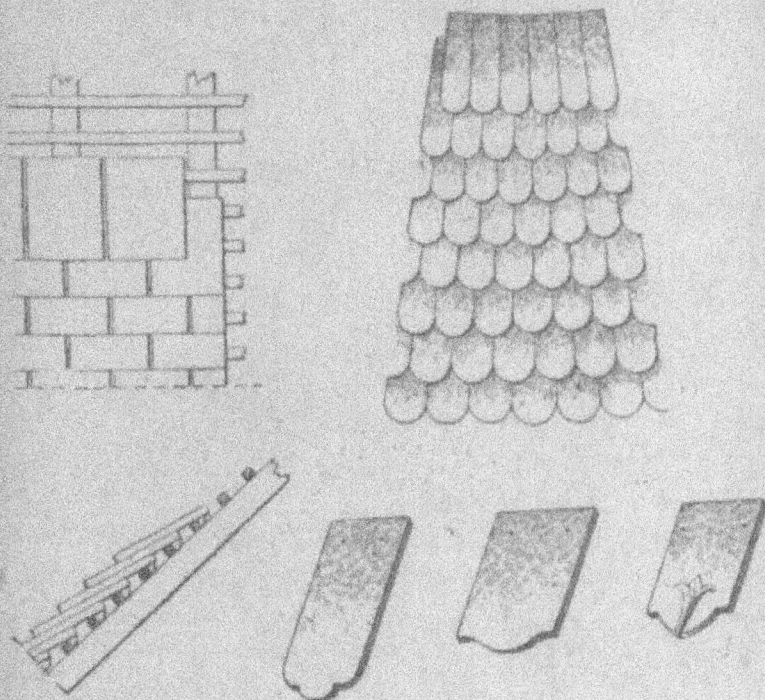

Fig. 73 à 78.

Celles du *petit moule* ont 0 m. 257 × 0 m. 183 et 13 à 14 millimètres d'épaisseur et pèsent 1 kil. 320 ; il en faut 64 par mètre carré.

Les faîtages se font en tuiles creuses de 0 m. 378 de long et 0 m. 24 de diamètre, placées bout à bout et scellées au mortier de chaux.

Les tuiles de Bourgogne se posent de façon que chaque tuile recouvre les deux tiers de la tuile précédente ; le *pureau* n'est donc que du tiers de la tuile et la toiture a partout l'épaisseur de trois tuiles. Les tuiles sont posées de façon que chacune recouvre le joint des deux tuiles en dessous d'elle (fig. 73 et 74).

Les lattes sont en chêne refendu de 4 à 7 millimètres d'épaisseur sur 35 à 80 millimètres de largeur ou en sapin de 30 à 40 millimètres en carré, clouées sur les chevrons à l'écartement de 8 ou 11 centimètres selon le pureau à obtenir.

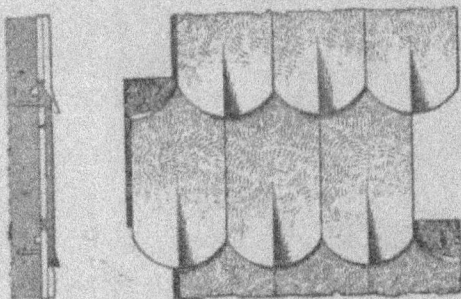

Fig. 79.

Le rang inférieur se pose sur mortier et est recouvert d'un deuxième rang à joints croisés sur le premier, appelé *doublis*. L'*égout* est la première rangée de tuiles, il est *pendant*, *sur chéneau* ou *retroussé* sur un rang de coyaux. Si la toiture fait saillie sur les murs, on cloue un voligeage sous les chevrons, pour empêcher que le vent n'enlève les tuiles débordantes.

Le haut des toits à une seule pente est terminé par un filet en plâtre appelé *ruellée* et les pignons par des solins en plâtre ou mortier

Les figures 73 et 74 montrent la disposition des tuiles plates sur un lattis

Les *tuiles écailles* unies ou décorées (fig. 75 à 78) se posent comme les tuiles plates sur un voligeage, où elles sont clouées chacune par deux clous.

La figure 79 montre l'emploi de tuiles écailles comme *bardeaux* sur des murs à protéger de la pluie ou sur un brisis à forte pente.

Les tuiles plates grand moule valent 110 francs le mille et les petit moule 65 francs le mille. Les tuiles écaille environ 60 francs le mille

Tuiles mécaniques. — Les tuiles dites mécaniques, à emboîtement ou à recouvrement, réalisent une grande légèreté et cependant une étanchéité au moins égale, sinon plus, que les tuiles plates.

Les tuiles Gilardoni frères, d'Altkirch, furent les premières tuiles à emboîtement ; elles datent de 1841.

Les tuiles à emboîtement, ainsi que celles à recouvrement, présentent une étanchéité très grande et leur poids, par mètre carré de couverture, n'atteint que 35 à 45 kilos en moyenne, contre 85 à 90 kilos avec certaines tuiles plates.

Ces couvertures présentent, en outre d'une diminution de moitié dans le poids, une pose facile, et peuvent former des dessins variés. Les tuiles permettent, sans raccords et sans coupe, les pénétrations des toitures. On fabrique aussi des tuiles spéciales pour se raccorder avec les autres et permettant les demi-tuiles d'extrémité, les jours, les ventilations ; on fait encore des tuiles à douille pour cheminées, des chatières, ou œils-de-bœuf, des tuiles vitrées et des châssis à tabatières correspondant à un nombre quelconque de tuiles.

La planche 80 montre les différents modèles de tuiles mécanique

La principale condition pour obtenir une bonne couverture avec les tuiles mécaniques est de bien latter, c'est-à-dire de placer les tringles parfaitement d'équerre et parallèles entre elles.

Les lattes doivent être placées, pour les tuiles 13 au mètre carré, à 0 m. 353 d'écartement du dessus de chaque latte. Le premier rang seul, placé à l'extré-

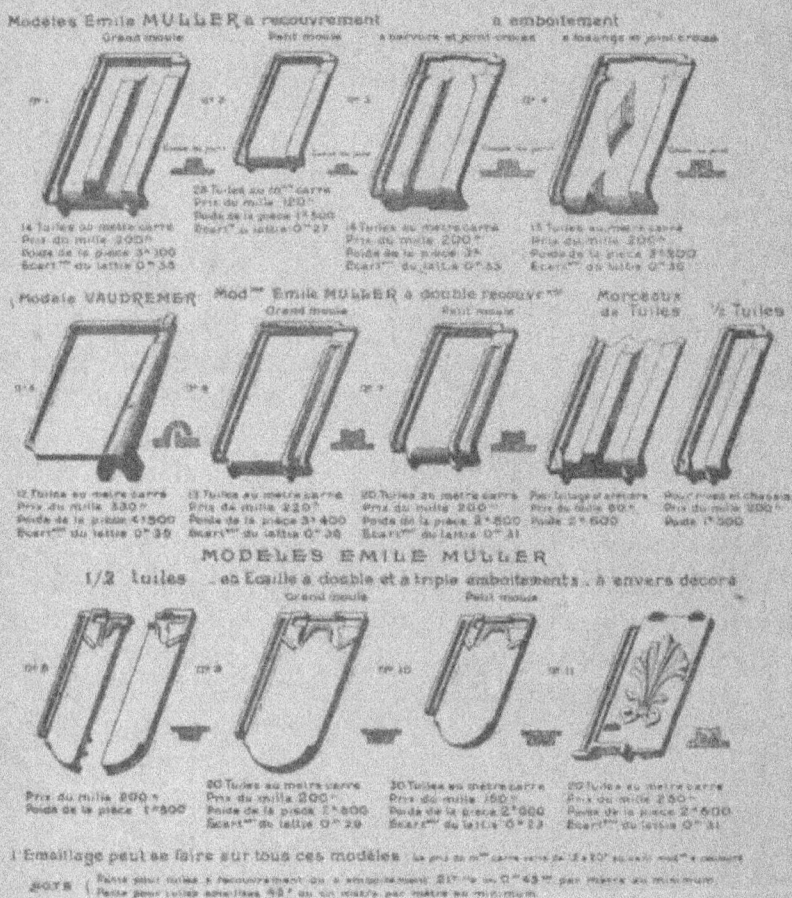

Fig. 80

mité inférieure du chevron, et en *doublis*, c'est-à-dire qu'il est composé de deux lattes superposées, est fixé à une distance moindre du deuxième rang, suivant le larmier que l'on désire conserver.

Nous conseillons de laisser entre ce premier rang et

le deuxième un écartement de 0 m. 30 pour obtenir un larmier de 0 m. 07 à 0 m. 08.

Il est indispensable, avant de couper les chevrons, de placer provisoirement une rangée de tuiles de bas en haut pour vérifier les dimensions. On pourra éviter ainsi de trancher les tuiles de la dernière rangée, qu'il est utile de ne faire arriver qu'à environ 0 m. 04 de l'extrémité supérieure du chevron, et on obviera aux inconvénients d'un lattage mal fait.

Nous engageons à juxtaposer les chevrons correspondants des deux rampants de la toiture au lieu de les faire arriver sur la même ligne au faîtage.

Pour la pose de la tuile, il est indispensable de commencer par la droite en revenant sur la gauche et du bas du toit au faîtage.

Les tuiles doivent être placées d'équerre sur les lattes, en évitant de trop les serrer les unes contre les autres, car il en résulterait que, les rangs n'étant plus d'équerre (condition indispensable pour obtenir une bonne couverture), le travail ne pourrait plus se continuer

Les tuiles alternant d'un rang à l'autre exigent l'emploi de demi-tuiles. Il faut une demi-tuile par chaque rang.

Toutes les parties en saillie en dehors des constructions doivent être voligées ou plafonnées, afin d'éviter l'action des grands vents. On pourra supprimer cette dépense en utilisant les *pannetons* dont les tuiles sont munies. Dans l'ensemble de la couverture, il suffit généralement de pannetonner une tuile sur trois (la tuile pannetonnée maintient deux tuiles du rang inférieur). Dans ce cas, on doit se servir du panneton qui se trouve dans le milieu de chaque tuile (fig. 81).

Pour les pignons, nous recommandons l'emploi des rives à recouvrement. Cette précaution permet aux toitures de supporter l'action des grands vents.

La rive à recouvrement se place sur la tuile sans mortier. Elle supprime absolument le zinc ; sa pose est très facile ; fixée à une planche par une vis, elle n'exige aucun entretien.

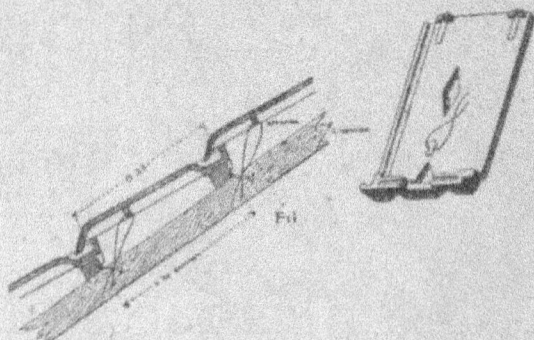

Fig. 81.

La bordure ou couvre-chéneau, s'applique partout où l'on emploie des planches pour encadrer les chéneaux.

Ces pièces en terre cuite sont plus économiques et d'un meilleur effet que les garnitures en mortier, en bois découpé ou en zinc.

La figure 81 montre la manière d'attacher les tuiles par le panneton.

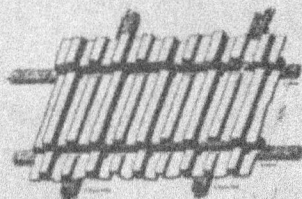

Fig. 82.

Fig. 83.

La figure 82 montre une toiture en tuiles à *recouvrement* et la figure 83 une toiture en tuiles à *emboitement* avec demi-tuile pour finir le rang.

Les usines de fabrication des tuiles mécaniques ont créé une infinité de modèles répondant à toutes les nécessités des toitures modernes. Nous reproduisons les principaux, d'après les usines E. Muller, à Ivry.

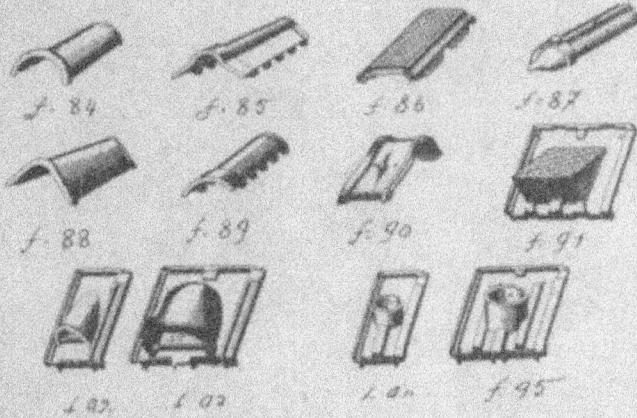

Fig. 84. — Tuile faîtière à emboîtement.

Fig. 85. — Tuile faîtière, à boudin, à recouvrement, échancrée.

Fig. 86. — Tuile formant chemin.

Fig. 87. — About de faîtage ou d'arêtier.

Fig. 88. — Tuile faîtière dos d'âne.

Fig. 89. — Faîtière à recouvrement échancrée.

Fig. 90. — Faîtière pour toitures en dents de scie (Shed

Fig. 91. — Tuile marche.

Fig. 92 et 93. — Tuiles chattières pour aération.

Fig. 94 et 95. — Tuiles pour passage d'un tuyau.

La figure 96 montre l'application d'un about d'arêtier et des *membrons* pour toitures à la Mansard.

Les figures 97 à 104 montrent diverses manières de couvrir les murs de clôture avec des tuiles à chaperon (fig. 97, 98, 101, 102 et 103) ou avec des tuiles ordinaires et une faîtière. Pour les murs à espaliers, il est nécessaire de laisser déborder les tuiles de chaque côté pour écarter la goutte d'eau.

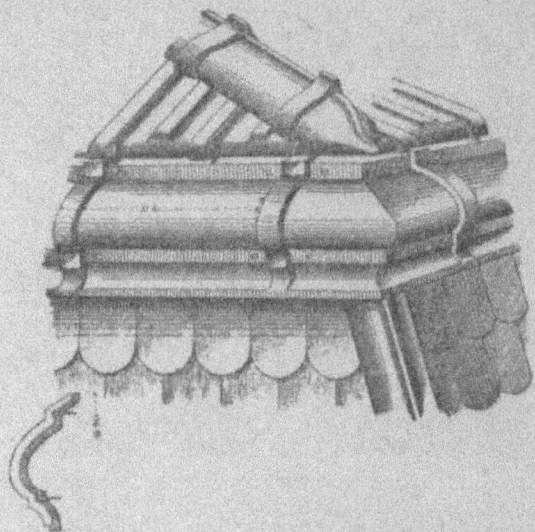

Fig. 96. — Membron pour toiture à brisis.

Ces tuiles ne doivent pas être posées à bain de mortier, mais seulement avec un simple joint les raccordant au mur sur lequel elles reposent.

La figure 105 montre une *garniture de rives* et *d'about de faîtage*, en terre cuite clouée sur le chevron.

La figure 106 est un raccordement de rives à l'endroit d'une *noue* et la figure 107 une garniture de chéneau

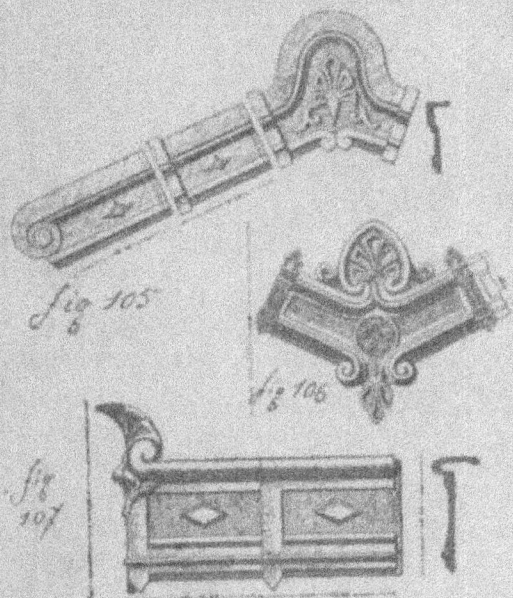

fig 105

fig 106

fig 107

Les figures 108 et 109 sont des faîtières décorées avec poinçon au bout du faîtage (*E. Muller, à Ivry*) (épis décoratifs).

fig 108 et 109

La figure 110 montre une décoration de faîtage avec *épis normands*, d'après les *Tuileries d'Argences* (Calvados).

Les prix des tuiles mécaniques sont de 130 à 150 fr. le mille de tuiles à Paris ; pour les poids et inclinaisons (voir le tableau au commencement de ce volume).

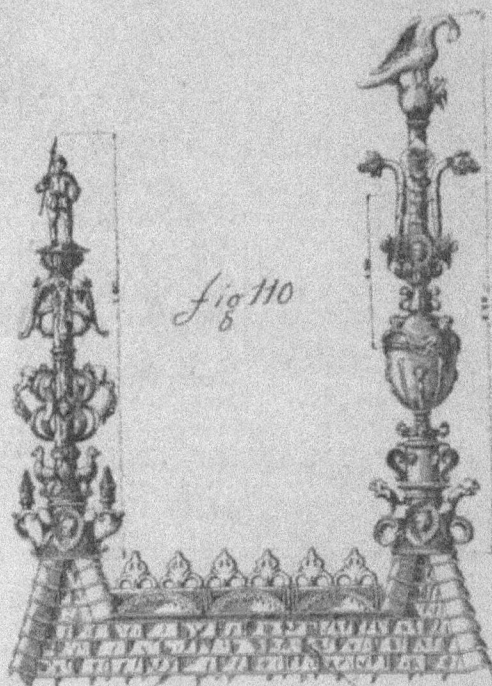

fig 110

Tuiles isolantes. — Ces tuiles sont creuses et formées de deux parois minces, espacées à 0 m. 02 de distance et réunies par des cloisons longitudinales, ce qui leur donne une grande résistance. L'espace intérieur à la tuile est fermé du côté du pureau et ouvert par en haut.

(Voir à la fin de ce volume l'isolement des toitures, planchers, etc., par des revêtements spéciaux.)

Tuiles en tôle galvanisée. — Les couvertures économiques Sonntag se composent de tuiles en tôles de fer, galvanisées (fig. n° 1, planche 111) assemblées longitudinalement par des bords tubulaires agrafés les uns dans les autres, tel que l'indique le profil (fig. n° 2).

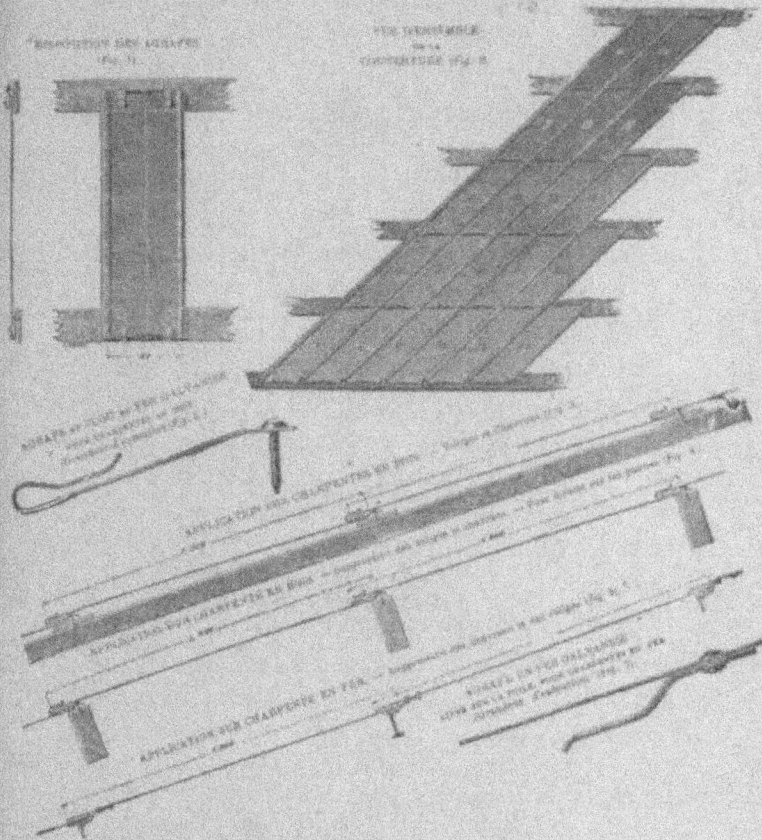

Planche 114.

Elles mesurent 1 mètre de longueur et 0 m. 300 de largeur d'axe en axe des bords (fig. n° 1) et pèsent :

Applications sur charpentes en bois ou en fer.

En tôle de 4/10 de mm. d'épaisseur, environ 1 kil. 300 l'une.
— 5/10 — — 1 600 —
— 6/10 — — 1 900 —

Agrafes et clous, pour charpentes en bois, 1 fr. 20

le kilog. Plus-value de 0 fr. 08 par agrafe pour rivetage
sur les tuiles pour charpentes en fer.

Il faut 3 tuiles 1/2 pour un mètre carré de couverture, avec un recouvrement de 5 centimètres, ce qui,
avec les agrafes et clous, met le mètre carré en 4/10,
5 fr. 25 ; en 5/10, 6 fr. 05 ; en 6/10, 6 fr. 80, pour charpentes en bois. Toutefois, suivant la pente de la toiture, le recouvrement doit varier de 5 à 10 centimètres.

Les tuiles s'appliquent sur charpentes en bois et
aussi bien sur charpentes en fer.

Les figures nᵒˢ 3 et 4 représentent l'application sur
charpentes en bois et l'écartement des voliges sur lesquelles les tuiles sont fixées très solidement par des
agrafes (fig. nᵒ 6) en fer galvanisé, clouées au-dessus
du bord supérieur (fig. nᵒ 1) ; de cette façon, les tuiles
n'étant pas trouées par les clous, on peut les retirer
intactes pour les faire servir sur d'autres toitures, ce
qui constitue un grand avantage pour les couvertures
provisoires. De nombreuses applications ont été faites
dans ce sens pour les couvertures des bâtiments des
expositions et concours régionaux, chantiers tem-
poraires et fermes.

Pour l'application sur charpentes en fer, ces tuiles
sont munies d'agrafes (fig. nᵒ 7) en fer galvanisé, re-
pliées sur les ailes des pannes en fer à **T** ou en fer à **I** ou
des cornières **L** (fig. nᵒ 5).

Dans l'un et l'autre cas, faire la pose dans l'ordre
numéroté (fig. nᵒ 2).

Tuiles de zinc estampé. — Les tuiles en zinc de la
Société de la Vieille-Montagne se posent sur voliges,
sur lattis ou sur pannes.

Elles peuvent être déposées et reposées sans risques
de détérioration, ce qui les rend d'un excellent usage
pour les travaux provisoires.

Ces tuiles ont 0 m. 41 de longueur sur 0 m. 33 de largeur utiles. Dans le sens vertical, elles sont bordées par des cannelures triangulaires de 0 m. 03 de hauteur,

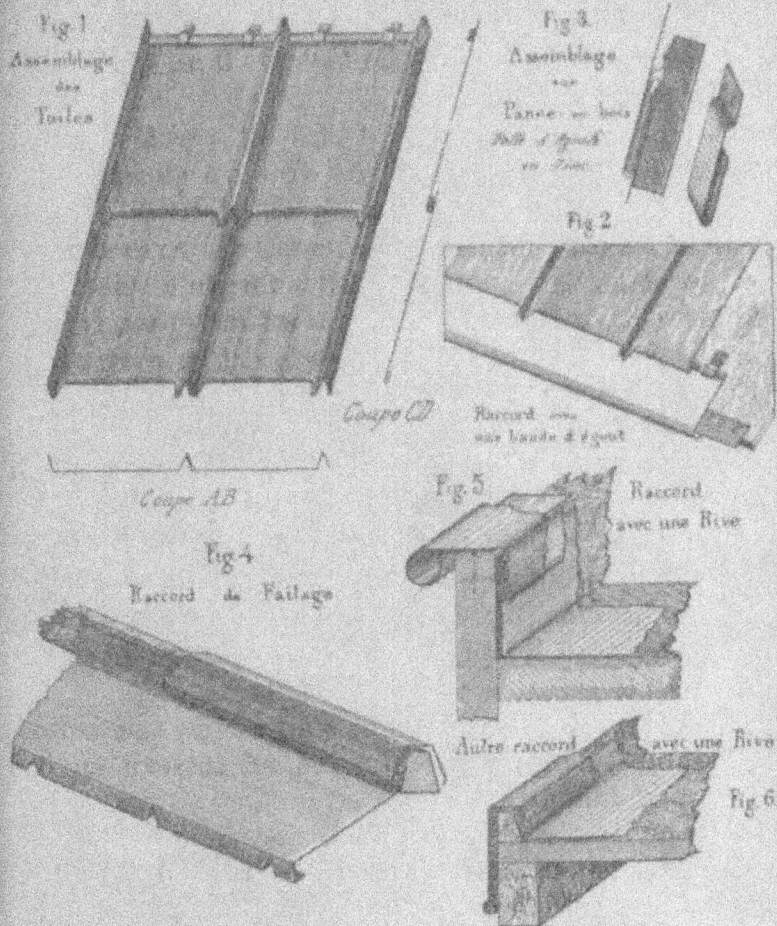

Fig 1
Assemblage des Tuiles

Fig 3.
Assemblage sur Pannes en bois Solir d'égout en Zinc

Fig 2
Raccord avec une bande d'égout

Coupe CD

Coupe AB

Fig 5
Raccord avec une Rive

Fig 4
Raccord de Faitage

Autre raccord avec une Rive
Fig. 6.

Planche 112.

espèces de tasseaux métalliques qui empêchent l'eau de remonter, soit par capillarité, soit par l'impulsion du vent ; dans le sens horizontal, elles sont munies d'agrafures de 0 m. 03 de largeur dont la forme assure une remarquable rigidité. Elles sont fixées sur la volige ou le lattis au moyen de deux pattes-agrafes.

On commence cette couverture par la mise en place de la bande de larmier ou d'égout à laquelle on donne la largeur utile pour arriver au faitage avec un nombre entier de tuiles (un multiple de 0 m. 41, hauteur de la tuile (planche 112).

La première rangée de tuiles est agrafée avec la bande de larmier en allant de droite à gauche (fig. 1 et 2). Puis on trace sur le voligeage, à l'aide de traits battus au cordeau, les alignements des axes des nervures afin que les lignes qu'elles forment soient parfaitement droites. Chaque tuile est maintenue ainsi à sa partie inférieure par son agrafe et à sa partie supérieure par deux pattes mobiles (fig. 1 et 3), percées chacune de deux trous pour le passage de deux clous.

La seconde rangée de tuiles se pose de la même façon que la première et ainsi de suite.

Le raccord de la dernière rangée de tuiles avec le faitage s'obtient au moyen d'une bande de zinc échancrée et profilée (fig. 4), dont la partie inférieure vient s'agrafer avec les tuiles et dont la partie supérieure est relevée contre le tasseau de faitage.

Le raccord des rives peut s'effectuer, soit comme l'indique la figure 5, soit avec un tasseau en bois comme à la figure 6

La pente convenable pour le bon emploi de ce système de couverture est environ de 0 m. 30 par mètre, soit de 16 à 17 degrés ; elle ne pourrait être inférieure à 0 m. 25 par mètre, soit à 14 degrés environ.

Il existe de nombreux modèles de tuiles en zinc estampé, telles sont les tuiles Duprat, Menant, etc., dont la pose est analogue à celles ci-dessus.

Tuiles-ardoises en zinc. — La Société de la Vieille-

Montagne fabrique des tuiles en zinc s'agrafant les unes aux autres et portant, soudées, des pattes qui se clouent sur un voligeage. Les planches 113 et 114 montrent les détails d'exécution des couvertures avec ces tuiles-ardoises carrées ou losangiques qui conviennent bien aux fortes pentes et aux brisis de toitures Mansard ainsi qu'aux recouvrements des murs.

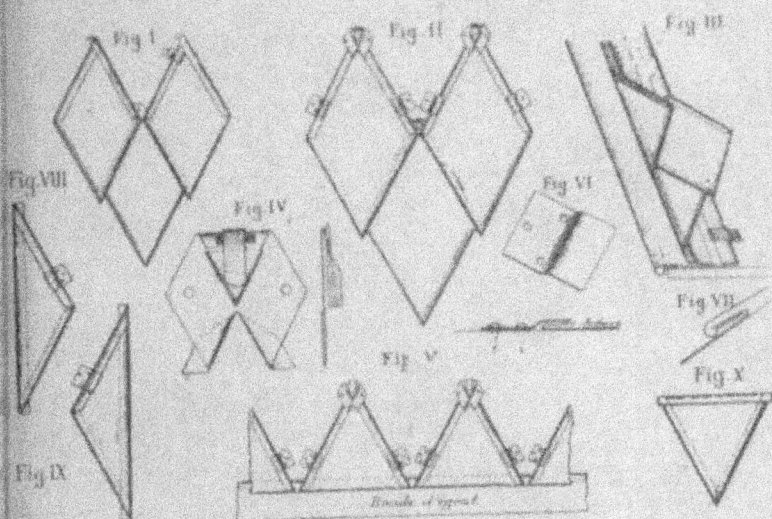

Planche 113. — Tuiles losangiques en zinc.

Tuiles de ciment. — On fait des tuiles au mortier de ciment et de sable comprimé dans des moules. Ces tuiles ont une forme analogue à celle des tuiles mécaniques ; on en fait aussi ayant la forme de tuiles plates de grandes dimensions.

Tuiles en verre. — Pour donner de la lumière dans les greniers, on met dans les toitures en tuiles mécaniques, un certain nombre de tuiles en verre moulé transparent. Ces tuiles ont exactement la même forme que les tuiles en terre ou en grès avec lesquelles elles se raccordent ; elles pèsent de 3 à 4 kilos, suivant dimensions et coûtent 2 à 3 francs la pièce.

DÉTAILS D'EXÉCUTION DE LA COUVERTURE
en ardoises de zinc agrafées avec pattes à obturateur

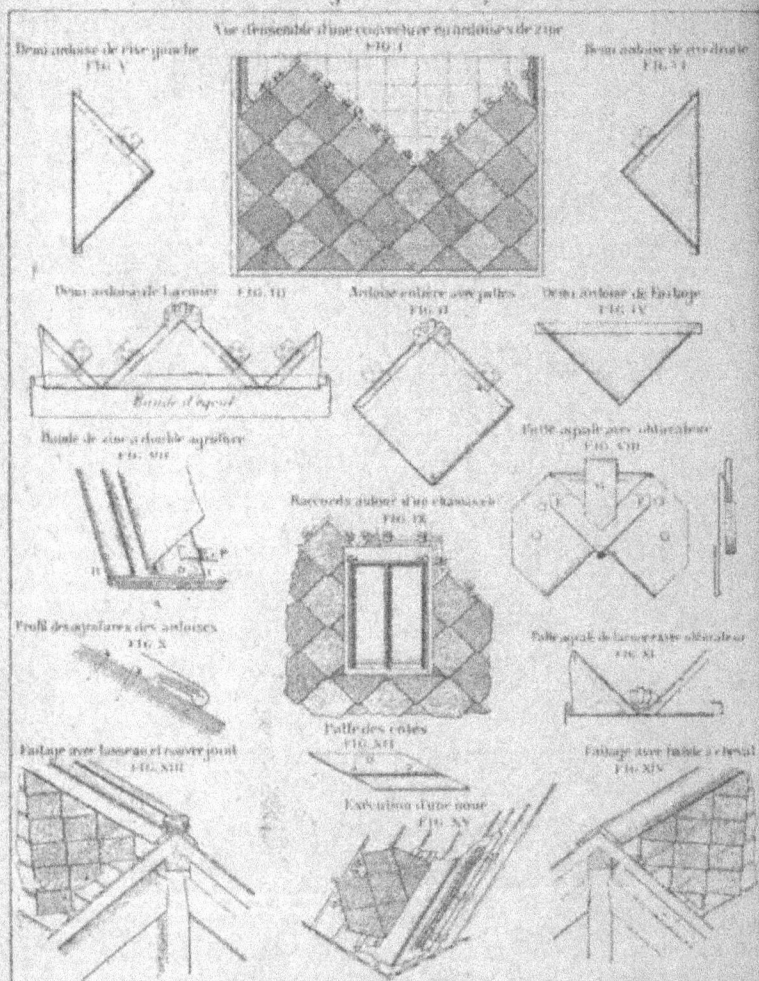

Planche 114.

Tuiles en grès, tuiles vernissées, colorées, etc. — Ces tuiles qui sont fabriquées dans différents moules par la plupart des usines sont destinées à la décoration des toitures. Les tuiles vernissées et colorées se font surtout en tuiles écailles.

Tuiles écailles en zinc. — Ces tuiles sont en zinc estampé et imitent les tuiles écailles en terre cuite. Elles sont ornementées d'un fleuron estampé qui augmente la rigidité de la tuile ; on les pose sur lattis ou sur voliges, avec des clous galvanisés, comme les tuiles écailles de terre cuite. Ces tuiles font une couverture légère et élégante qui convient surtout aux fortes pentes de plus de 45 degrés (toits en pavillon, brisis).

CHAPITRE V

COUVERTURES EN ZINC

Les avantages généraux de la couverture en zinc résultent des propriétés de ce métal

La densité du zinc est de 7,19, tandis que celle du plomb est de 11,352 ; le zinc est donc une fois et demie plus léger que le plomb.

Ainsi une feuille de zinc couvrira une surface une fois et demie plus grande qu'une feuille de plomb de même poids et de même épaisseur.

La ténacité du zinc est représentée par 10,80, tandis que celle du plomb n'est que de 2,77 ; le zinc est donc quatre fois plus résistant que le plomb.

Ainsi une feuille de zinc offrira la même solidité qu'une feuille de plomb quatre fois plus épaisse.

Une patine ou enduit naturel (oxyde de zinc) se forme à la surface des feuilles quelque temps après leur exposition à l'air ; étant insoluble dans l'eau, elle reste adhérente à leur surface. Par suite, elle préserve les feuilles d'une oxydation plus profonde et leur conserve leur poids primitif ; il n'est donc pas utile, pour assurer la durée du zinc, de le peindre à une ou plusieurs couches, comme cela est nécessaire pour la tôle de fer.

L'oxyde de zinc n'est pas vénéneux, on peut donc faire usage, sans danger pour la santé, des eaux pluviales recueillies après leur passage sur une couverture en zinc, tandis que le plomb et le cuivre les rendraient vénéneuses.

Le zinc ne présente aucun danger en cas d'incendie, comme l'expérience l'a prouvé depuis longtemps ; sous l'action de la chaleur, il se volatilise en flocons blancs (blanc de zinc) qui, ne contenant aucun principe inflammable, ne peuvent pas propager l'incendie.

Le poids du mètre carré d'une couverture en feuilles de zinc n° 14 de 0 m. 80 × 2 mètres, mesuré sans développement, est de 7 kilos environ.

La couverture en zinc exige peu de pente, celle-ci pouvant même être réduite à 0 m. 01 ou 0 m. 02 par mètre, c'est-à-dire à la pente strictement nécessaire pour l'écoulement des eaux.

Il résulte de ces avantages que l'emploi du zinc pour couverture permet de réduire l'importance de la surface à couvrir, d'employer des charpentes plus simples et plus légères et de diminuer le cube des maçonneries.

Le vieux zinc de toiture se revend environ la moitié de son prix d'achat neuf.

Nous donnons ci-après un tableau des dimensions et poids des feuilles de zinc du commerce. Les numéros 9 à 16 sont seuls employés pour les toitures de bâtiment ; on prend généralement les numéros 13 ou 14 qui donnent des toitures pouvant durer au moins 25 à 35 ans sans réparations.

Les couvertures en zinc se posent sur un voligeage jointif cloué sur les chevrons.

Une condition indispensable pour assurer les bons résultats d'une couverture en zinc est de permettre aux feuilles de se dilater facilement dans tous les sens, sinon, elles se gondoleraient et elles pourraient même finir par se déchirer.

NUMÉROS de ZINC	ÉPAISSEUR APPROXIMATIVE en millimètres	POIDS MOYEN APPROXIMATIF D'UNE FEUILLE DES DIMENSIONS SUIVANTES						POIDS MOYEN APPROXIMATIF au même rapport
		Pour toitures et autres emplois				Pour doublages de navires		
		2ᵐ00×1ᵐ00	2ᵐ00×0ᵐ80	2ᵐ00×0ᵐ65	2ᵐ00×0ᵐ50	1ᵐ30×0ᵐ40 MÉDITERRANÉE	1ᵐ15×0ᵐ35 OCÉAN	
	kil.	kil.	kil.	kil.	kil.	kil.	kil.	kil.
1	0,100	» »	» »	» »	» »	» »	» »	0,700
2	0,145	» »	» »	» »	» »	» »	» »	1,001
3	0,185	» »	» »	» »	» »	» »	» »	1,302
4	0,225	» »	» »	» »	» »	» »	» »	1,504
5	0,250	» »	» »	» »	» »	» »	» »	1,740
6	0,300	4ᵏ 200	3ᵏ 360	2ᵏ 780	2ᵏ 100	» »	» »	2,100
7	0,350	4 900	3 920	3 185	2 450	» »	» »	2,450
8	0,400	5 600	4 480	3 640	2 800	» »	» »	2,800
9	0,450	6 300	5 040	4 095	3 150	» »	» »	3,150
10	0,500	7 000	5 600	4 550	3 500	» »	» »	3,500
11	0,560	8 120	6 496	5 278	4 060	» »	» »	4,040
12	0,600	9 240	7 392	6 006	4 620	» »	» »	4,620
13	0,740	10 360	8 288	6 734	5 180	» »	» »	5,180
14	0,820	11 480	9 184	7 462	5 740	2ᵏ 985	2ᵏ 310	5,740
15	0,960	13 300	10 640	8 645	6 650	3 458	2 677	6,860
16	1,080	15 120	12 096	9 828	7 560	3 931	3 043	7,560
17	1,210	16 940	13 552	11 011	8 470	4 404	3 409	8,470
18	1,340	18 760	15 008	12 194	9 380	4 878	3 775	9,380
19	1,470	20 580	16 464	13 377	10 290	5 351	4 142	10,290
20	1,600	22 400	17 920	14 560	11 200	5 824	4 508	11,200
21	1,780	24 920	19 936	16 198	12 460	6 479	5 015	12,460
22	1,960	27 440	21 952	17 836	13 720	7 134	5 522	13,780
23	2,140	29 960	23 968	19 474	14 980	7 790	6 029	14,980
24	2,320	32 480	25 984	21 112	16 240	8 445	6 537	16,010
25	2,500	35 000	28 000	22 750	17 500	9 100	7 044	17,500
26	2,680	37 520	30 016	24 388	18 760	9 755	7 551	18,700
Surface de chaque feuille dans les différents diamètres ci-dess.		2ᵐ00	1ᵐ60	1ᵐ30	1ᵐ00	0ᵐ52	0ᵐ4025	

L'emploi du système à tasseaux et agrafures permet de satisfaire complètement à cette condition, car il dispense de souder les feuilles entre elles et de les clouer directement sur la volige.

Dans ce système on fait à chacune des extrémités des feuilles un pli en sens contraire pour former des agrafures ; on donne au pli ou agrafure supérieure une largeur de 0 m. 025 à 0 m. 03 et de 0 m. 03 à 0 m. 35 au pli inférieur.

On relève les bords longitudinaux des feuilles de 0 m. 035 contre les côtés des tasseaux sur lesquels ils viennent s'appliquer et dont la hauteur serait de 0 m. 04.

Les feuilles sont agrafées entre elles et séparées par des tasseaux en bois blanc ayant la forme d'un trapèze et pour dimensions ordinaires m. 05 de largeur à la base inférieure, m. 027 à la base supérieure et m. 04 de hauteur ; ces tasseaux sont fixés sur la volige par des clous de 0 m. 07 de longueur et de 0 m. 003 d'épaisseur, lardés sur leurs côtés et espacés d'environ 0 m. 40 ,ou par des pointes inclinées et placées alternativement, tous les 0 m. 02 environ, à m. 01 à droite et à gauche du milieu des tasseaux.

Pour empêcher le glissement des feuilles dans le sens de la pente de la toiture, on agrafe avec le pli supérieur de chacune d'elles 2 pattes en zinc ayant 0 m. 10 de développement et 0 m. 04 de largeur et terminées par une agrafure de 0 m. 025 de largeur ; ces pattes sont fixées sur la volige par 2 ou 3 clous à tête plate de 0 m. 027 de longueur et de 0 m. 027 d'épaisseur, passant par des trous percés d'avance à leur extrémité supérieure.

D'autre pattes, ordinairement au nombre de 3 par feuille, et ayant environ m. 17 de développement sur 0 m. 035 de largeur, passent sous les tasseaux, se relèvent contre leurs côtés et se rabattent à leurs extrémités sur les reliefs des feuilles, qu'elles maintiennent ainsi contre les tasseaux tout en empêchant le soulèvement des feuilles.

On recouvre les tasseaux avec des couvre-joints en zinc à biseaux ayant même forme qu'eux, seule-

ment un peu plus évasée, et développant 0 m. 10 pour
des tasseaux de 0 m. 04 de hauteur ; les biseaux, dont
la largeur est de 0 m. 008, ont pour but d'empêcher
l'eau de remonter par capillarité entre les reliefs des
feuilles et les côtés des couvre-joints, dont ils empêchent aussi la déformation en donnant de la raideur
à leurs bords longitudinaux

Les couvre-joints de 2 mètres de longueur sont
maintenus sur les tasseaux de mètre en mètre par
des clous à tête ronde, dits à piston, de 0 m. 027
de longueur et de 0 m. 0027 d'épaisseur, dont la tête
est recouverte par des calottins en zinc soudés à leur
pourtour sur le dessus des couvre-joints, ou par des
vis à tête ronde de   m. 03 de longueur et de 0 m. 0049
de diamètre, pressant sur des rondelles en plomb de
0 m. 002 à 0 m. 003 d'épaisseur et de 0 m. 015 de diamètre.

Pour éviter l'emploi des calottins, qui se dessoudent
assez souvent, et qui, par suite, ne protègent plus la
tête des clous contre l'oxydation, on a recours à un
autre système, qui commence à être très apprécié et
à se généraliser. Ce système consiste dans l'emploi de
couvre-joints de 1 m. de longueur, ayant à leur extrémité inférieure une patte en zinc soudée à l'intérieur de chacun de leurs côtés ; leur extrémité
supérieure est clouée sur le dessus du tasseau avec
des clous à tête plate de 0 m. 027 de longueur et est
recouverte de 0 m. 08 par le couvre-joint qui est placé
à la suite et dont les 2 pattes soudées à l'intérieur,
comme il vient d'être dit, s'engagent dans le vide existant entre les côtés du couvre-joint recouvert les
reliefs des feuilles contre les tasseaux ; les têtes des
clous sont ainsi elles-mêmes recouvertes et par conséquent à l'abri de l'oxydation.

Pour des pentes inférieures à 0 m. 25 par mètre

environ, il est nécessaire, pour ne pas être obligé de
souder les feuilles entre elles d'augmenter, leur recouvrement ; sans cette précaution, des infiltrations pourraient avoir lieu par leurs agrafures. La fig. 115 représente la disposition à employer dans ce cas, une
bande de zinc g est soudée à la partie supérieure de
chaque feuille à une distance de son agrafure qui
dépend du recouvrement qu'il est nécessaire de
donner aux feuilles en raison du plus ou moins de
pente de la couverture ; cette bande sert à agrafer la
feuille placée au-dessus et à assurer ainsi la dilatation
comme dans le système ordinaire.

Fig. 115.

Isolement du zinc. — Il faut toujours éviter de
mettre le zinc en contact direct avec le plâtre et les
bois de chêne et de châtaignier, parce que les acides
contenus dans ces produits ne tarderaient pas à
l'attaquer et même à le détruire. On empêche ce contact en faisant reposer le métal sur des planches ou
des voliges en bois blanc, peuplier ou sapin, comme
le représentent tous les dessins ci-après. Ce moyen
est bien préférable à celui qui est encore assez souvent
employé et qui consiste à interposer du papier anglais ou goudron entre le zinc et les essences de bois
ou matériaux qui l'attaquent.

Les gravures ci-après, empruntées aux usines des
zincs de la Vieille-Montagne, indiquent la manière
d'exécuter les différentes toitures en zinc.

Système à tasseaux et agrafures :

Fig. 116. — Partie haute d'une couverture en zinc.

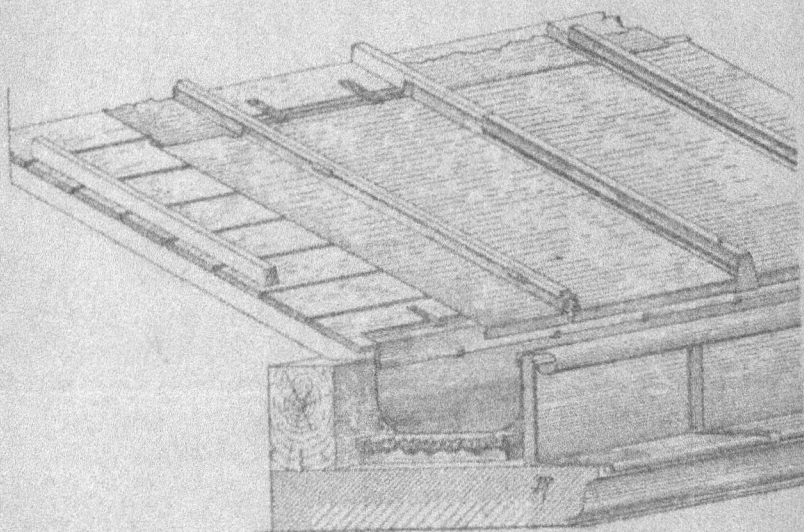

Fig. 117. — Partie basse d'une toiture en zinc.

Fig. 118. Fig. 119. Fig. 120.

Fig. 118. — Coupe transversale indiquant l'agrafure et le recouvrement des feuilles pouvant varier suivant la pente.

Fig. 119. — Couvre-joint fixé avec des clous recouverts de calottins en zinc soudés à leur pourtour sur le couvre-joint.

Fig. 120. — Couvre-joint fixé avec vis et rondelle en plomb.

Fig. 121. — Pose des couvre-joints suivant le système à gaine et languettes.

Fig. 122 et 123. — Noquets en zinc pour raccordements sur murs ou arêtiers.

Fig. 124. — Couverture en zinc sur corniche ou bandeau.

Couvertures en zinc pour terrasses. — La figure 129 montre la manière d'exécuter une toiture en terrasse selon le système dit à *ressauts*. Le voligeage est fait par gradins ayant 1 m. 50 à 2 mètres de longueur et 5 à 8 centimètres de hauteur. Chaque feuille de zinc vient en recouvrement sur la suivante qui est relevée de toute la hauteur du gradin ou *ressaut* ; la dernière feuille en bas vient en recouvrement sur le chêneau. Latéralement, les feuilles de zinc sont assemblées selon le système à tasseaux et agrafures décrit plus haut.

Les figures 130 et 131 montrent l'exécution d'une toiture en terrasse selon le système à *rigoles*. Ici, le voligeage est interrompu tous les 2 ou 3 mètres par une rigole de 8 centimètres sur 8 centimètres en pente dans le sens de l'écoulement des eaux. Cette rigole est garnie d'une petite *noue* en zinc dans laquelle les feuilles de zinc viennent en recouvrement et sont

Fig. 125
Raccordement d'arêtier

Fig. 126.
Raccordement sur membron en zinc et brisis.

maintenues par des agrafes plates que l'on voit dans les figures 130 et 131 et qui sont clouées sur le voli-

Fig. 127. — Chemin sur gouttière.

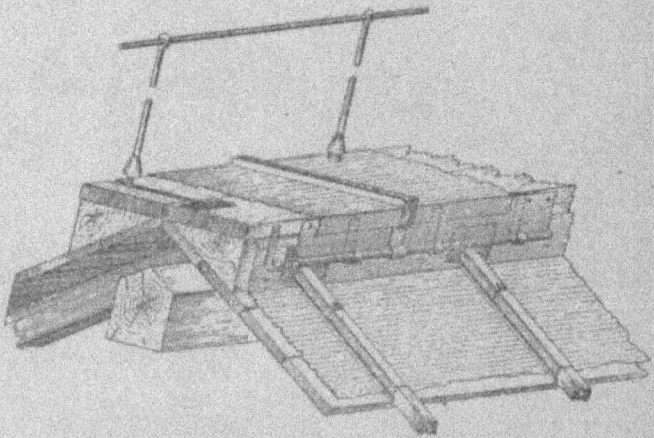

Fig. 128. — Chemin sur faîtage.

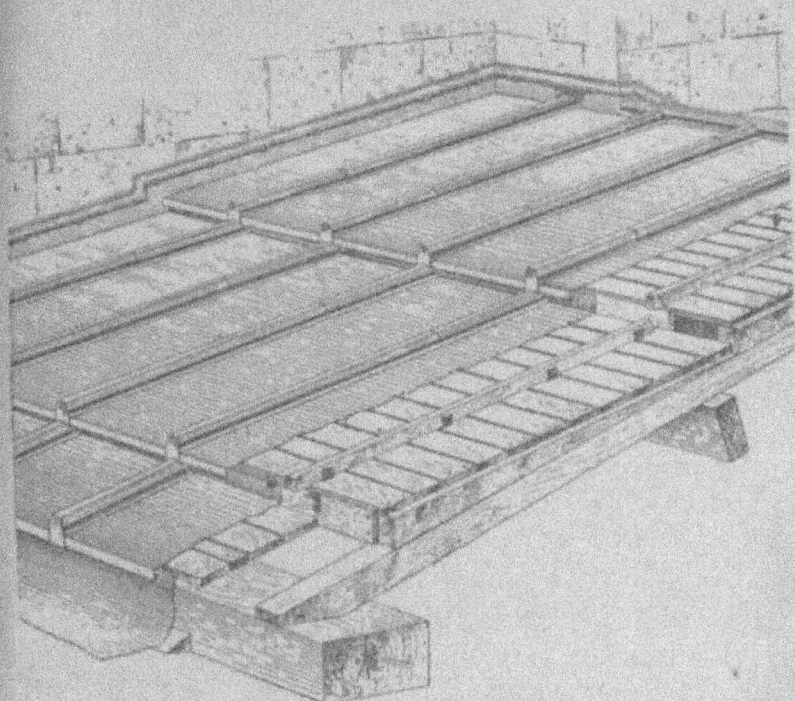

Fig. 129. — Couverture de terrasse, système à *ressauts*.

Fig. 130. — Couverture de terrasse, système à rigôles.

Fig. 131. — *Couvre-rigoles* en zinc, et about de la rigole dans le chêneau.

geage. Ces plaques d'agrafage sont en zinc fort ou en tôle galvanisée.

La figure 131 montre le débouché d'une rigole dans le chéneau et la manière de couvrir les rigoles avec des plaques de zinc profilées en forme de T pour former une toiture sans solution apparente de continuité.

Lucarnes et châssis. — Les figures 132 et 133 montrent la couverture d'un coffre de châssis et d'une lucarne avec des feuilles de zinc soudées et agrafées sur tasseaux.

Feuilles de zinc à double nervure Baillet. — Les feuilles en zinc à doubles nervures sont d'un excellent emploi en général pour couvertures industrielles, et en particulier pour revêtement de murs et de lambris.

Les feuilles à doubles nervures peuvent être employées indifféremment sur *voliges jointives* ou *espacées*, sur *lattis* ou sur *pannes en bois* ou *en fer*. La suppression possible de la volige permet de réaliser une notable économie.

Les lattes et les cours de pannes ne doivent pas être espacés de plus de 0 m. 45.

Ce clouage a lieu à l'extrémité supérieure de chaque feuille dans une série de petits creux poinçonnés d'avance (fig. 133 *bis*, C). Les clous sont en fer *galvanisé* ou *zingué* ; ils sont cachés par les recouvrements des feuilles et soustraits aux influences extérieures.

Les feuilles sont maintenues à leur extrémité inférieure par des pattes coudées qui s'agrafent entre elles et des pattes P, languettes en zinc n° 19 soudées sur les côtés intérieurs des nervures et s'agrafant avec les nervures des feuilles qu'elles recouvrent.

Les feuilles sont terminées à chacune de leurs extrémités par un *large biseau* servant à empêcher leur

Fig. 132. — Raccordement sur châssis à tabatière avec coffre.   Fig. 133. — Raccordement sur lucarne en zinc.

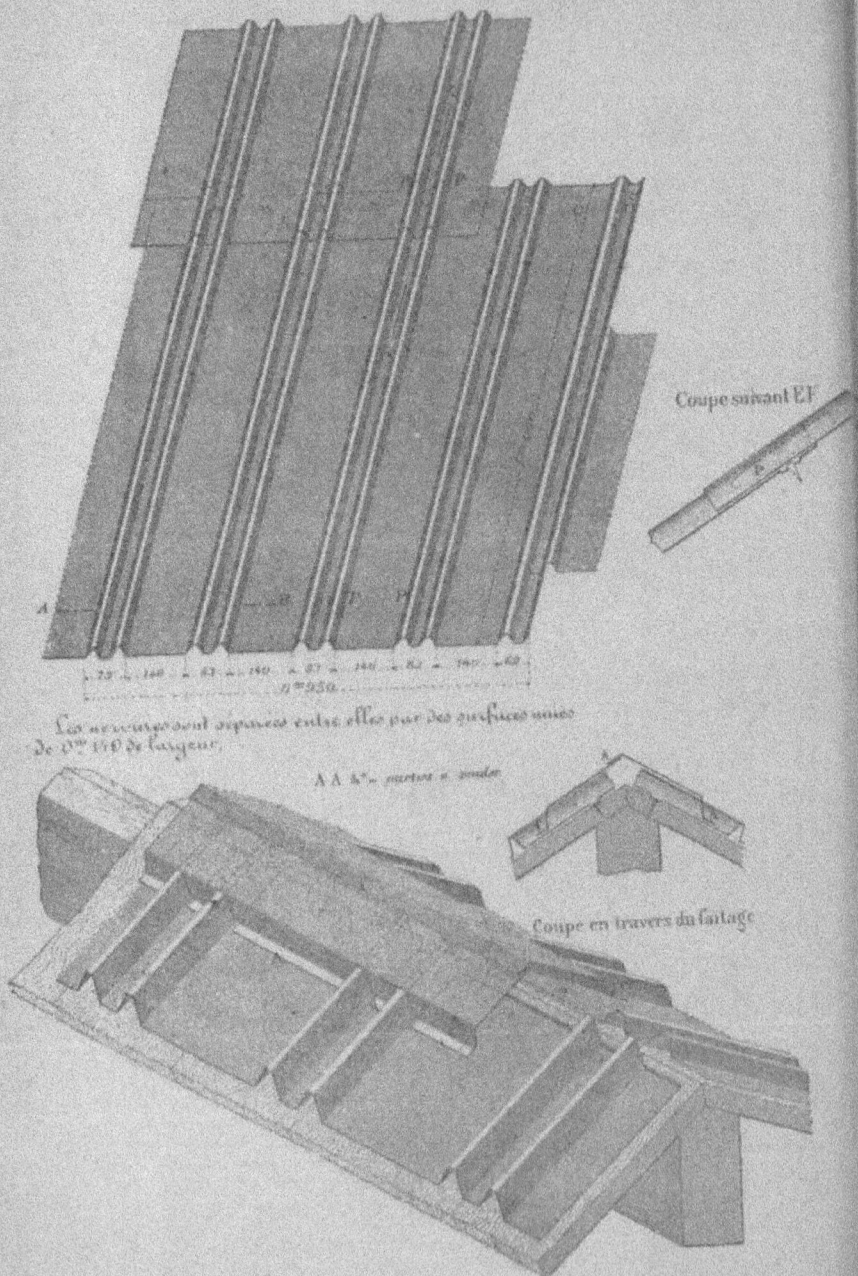

Coupe suivant EF

Les nervures sont espacées entre elles par des surfaces unies de 0m 110 de largeur.

A A b'= parties à souder.

Coupe en travers du faîtage

Fig. 133 bis.

Zincs profilés du Commerce
(d'après les Usines de Vieille-Montagne)

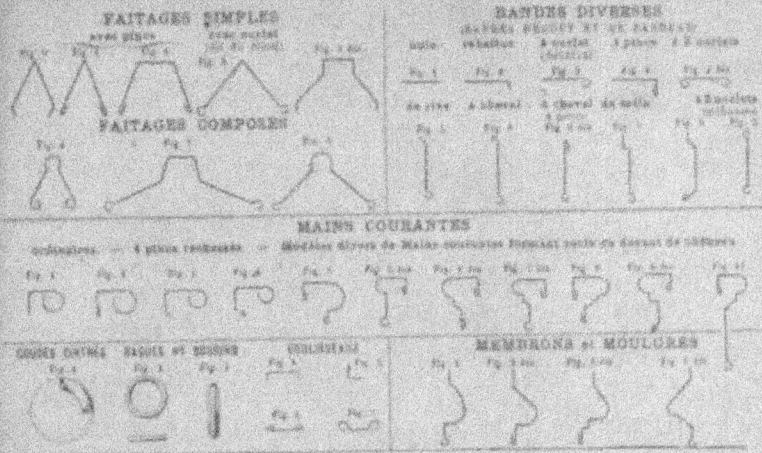

FAITAGES SIMPLES

BANDES DIVERSES

FAITAGES COMPOSÉS

MAINS COURANTES

COUDES CINTRÉS · **BAGUES et BOUDINS** · **CORDELETTES** · **MEMBRONS et MOULURES**

Fig. 134.

Zincs profilés du Commerce.

COUVRE-JOINTS de Tasseaux, d'Arétiers et de Faîtages

MODÈLES								
Développement		0ᵐ08	0ᵐ09	0ᵐ10	0ᵐ11	0ᵐ12	0ᵐ14	0ᵐ16
POIDS moyens par bouts de 2ᵐ00 de longueur.	N° 10	0ᵏ 560	0ᵏ 630	0ᵏ 700	0ᵏ 770	0ᵏ 840	0ᵏ 980	1ᵏ 120
	» 11	0 630	0 731	0 812	0 893	0 974	1 137	1 200
	» 12	0 730	0 832	0 924	016	1 109	1 294	1 479
	» 13	0 829	0 932	1 148	0 936	1 140	1 343	1 538
	» 14	0 918	1 033	1 148	263	1 378	1 607	837

GOUTTIÈRES demi-rondes

MODÈLES							
Développement		0ᵐ16	0ᵐ20	0ᵐ22	0ᵐ25	0ᵐ27	0ᵐ30	0ᵐ35
POIDS moyens par bouts de 2ᵐ00 de longueur.	N° 10	1ᵏ 120	1ᵏ 400	1ᵏ 540	1ᵏ 750	1ᵏ 890	2ᵏ 100	2ᵏ 310
	» 11	1 390	1 624	1 780	2 036	2 192	2 436	2 680
	» 12	1 478	1 848	2 033	2 310	2 495	2 772	3 049
	» 13	1 658	2 072	2 279	2 589	2 797	3 108	3 412
	» 14	1 837	2 296	2 526	2 876	3 100	3 444	3 788

Gouttière demi-ronde à deux boudins	Gouttières anglaises ou havraises	Gouttières plates modèle Laval	Gouttières carrées ou dalles
0 10	0 10 — 0 15	0 10 — 0 15	0 10 — 0 20 / 0 15

TUYAUX DE DESCENTE

Diamètre		0ᵐ05	0ᵐ06	0ᵐ07	0ᵐ08	0ᵐ09	0ᵐ10	0ᵐ11
POIDS moyens par bouts de 2ᵐ00 de longueur.	N° 10	1ᵏ 160	1ᵏ 390	1ᵏ 610	1ᵏ 830	2ᵏ 047	2ᵏ 268	2ᵏ 488
	» 11	1 396	1 608	1 868	2 123	2 379	2 634	2 887
	» 12	1 543	1 829	2 121	2 416	2 703	2 994	3 283
	» 13	1 730	2 051	2 383	2 709	3 036	3 357	3 683
	» 14	1 915	2 273	2 640	3 002	3 358	3 719	4 081

Fig. 135.

contact à l'intérieur des recouvrements et par suite toute infiltration de se produire par *capillarité*.

Les nervures divisent la nappe d'eau et l'empêchent d'être chassée par le vent sur un point quelconque de la surface couverte ; elles facilitent l'assemblage des feuilles, elles leur donnent une grande rigidité, enfin elles assurent la dilatation du métal dans le sens perpendiculaire aux nervures.

Les feuilles n'étant clouées qu'à leur extrémité supérieure, leur dilatation peut se faire facilement dans le sens de la pente de la couverture ; elle peut donc s'effectuer librement dans tous les sens.

CHAPITRE VI

TOITURES EN PLOMB ET EN CUIVRE

Le plomb en feuilles permet de faire des toitures dont la durée est à peu près indéfinie, car il ne s'oxyde pas à l'air ni à l'eau, étant protégé par une *patine* de carbonate de plomb qui se forme à la surface du métal et empêche sa destruction par les agents atmosphériques. Cependant, le plomb craint le contact du plâtre, du bois de Chine non flotté et des métaux oxydables tels que le fer, le zinc et le cuivre. Le plomb est attaqué par l'acide pyroligneux des bois non purgés de leur sève.

Le plomb se plie et s'étire facilement au marteau, ce qui permet de lui faire épouser les formes les plus sinueuses des toitures et d'en faire des faîtages, arêtiers, noues, gargouilles, etc., des formes les plus compliquées.

Le plomb s'affaisse, sous son propre poids ; une toiture en plomb doit donc être entièrement soutenue par un solide voligeage jointif. Les lames de plomb doivent être posées avec des jonctions permettant la libre dilatation du métal.

Les feuilles de plomb sont *laminées* ou *coulées* ; le plomb laminé présente souvent des défauts ou gerçures qui s'aggravent par la dilatation et la rétraction dues aux différences de température et peuvent provoquer des fuites dans la toiture en favorisant les piqûres des insectes ; le plomb coulé présente rarement ces défauts.

Le plomb s'emploie sur toutes sortes de toitures, mais plus spécialement sur les toitures en terrasses ou à très faible pente, sur les balcons.

Voici les poids par mètre carré des feuilles de plomb pour couvertures (Prix 50 à 60 francs les 100 kilos).

Épaisseurs en millimètres	Poids du mètre carré en kilos
1	11,35
1,5	17
2	22,70
2,5	28,40
3	34,05
4	45,40
5	56,75
6	68,10

Les feuilles de plomb ont jusqu'à 3 m. 90 × 1 m. 95 et l'on emploie généralement les épaisseurs de 2 à 3 millimètres pour les couvertures inclinées et 4 à 5 pour les terrasses sur lesquelles on marche.

Les couvertures en plomb s'exécutent en reliant latéralement les feuilles de plomb entre elles en les roulant l'une sur l'autre, de manière à former une sorte d'*agrafure* qui permet la libre dilatation du métal (fig. 136).

Dans le sens de la pente, on amène les feuilles en recouvrement l'une sur l'autre, de 7 à 8 centimètres ; la feuille de dessous est clouée sur le voligeage avec des clous étamés ou plombés et la feuille recouvrante est maintenue par des crochets en cuivre étamé analogues aux agrafes pour zinc ou ardoises. Ces crochets sont aloués sur le voligeage. Les faîtages se font comme ceux des toitures en zinc.

Toitures en fer-blanc. — Ces toitures, de durée restreinte, ne se font guère ; les feuilles de fer-blanc sont clouées par le haut et agrafées sur les côtés par pliage l'une dans l'autre ; elles viennent en recouvrement l'une sur l'autre et sont maintenues par le bas par des *pattes-agrafes* clouées sur le voligeage.

Les feuilles de fer-blanc ont généralement 0 m. 50 carré.

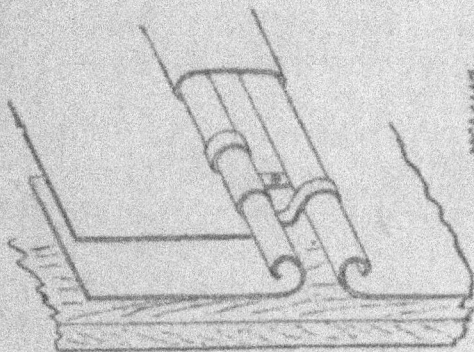 

Fig. 136.   Fig. 137.

Toitures en cuivre. — C'est une toiture de luxe très durable car le cuivre se recouvre d'une patine verte qui le rend inattaquable aux agents atmosphériques. Les feuilles de cuivre ont de 0 m. 0006 à 1 millimètre d'épaisseur et 1 m. 40 × 1 m. 13. Elles s'emploient comme le zinc pour toitures ou simplement en roulant les bords des feuilles de cuivre et en les recouvrant d'une lame de cuivre rabattue sur les rouleaux des deux feuilles (fig. 137). Les feuilles sont maintenues par des pattes en cuivre soudées sur les feuilles de cuivre et clouées sur le voligeage avec des clous en cuivre (l'emploi des clous en fer amènerait une oxydation rapide du cuivre par action électrolytique).

Effet des variations de température sur les toitures de *plomb.* — On a observé que les toitures en feuilles de plomb subissent à la longue un mouvement de glissement de haut en bas. C'est ainsi que la couverture du chœur de la cathédrale de Bristol (Angleterre), faite en 1851, en feuille de plomb de 18 mètres de hauteur sur 5 m. 50 de largeur, s'est déplacée tout d'une pièce de 35 centimètres vers le bas, en moins de deux ans.

La cause de ce glissement réside dans l'alternance de la dilatation du métal pendant le jour et de sa contraction pendant la nuit. Si la toiture est plate, la dilatation et la contraction se font également en tous sens ; mais si elle est inclinée, en vertu du poids du métal, la dilatation diurne a lieu par le bord inférieur et la contraction nocturne par le bord supérieur. Ce fait se produit, même si les feuilles de métal sont clouées sur la charpente ; les clous sont arrachés. A partir d'un angle d'inclinaison de 18°, le glissement est théoriquement certain. En pratique, le constructeur ne doit pas négliger d'apprécier si l'ensemble des conditions du travail (inclinaison, dimension des feuilles, genre des assemblages, etc.) est tel, qu'il existe des obstacles suffisants à l'accomplissement de cette loi.

CHAPITRE VII

TOITURES ET REVÊTEMENTS EN PIERRES, EN ARDOISES, EN CIMENT, EN VERRE, ETC.

Toitures en pierre. — En Auvergne et dans quelques régions où l'on trouve des pierres plates de grande dimension, on couvre les maisons avec ces pierres mises en recouvrement les unes sur les autres et maçonnées à la chaux. Ces toitures sont d'un poids énorme et nous ne les mentionnons qu'à titre documentaire.

Toitures d'ardoises. — Les ardoises sont des pierres schisteuses qui se débitent en feuilles minces et planes. Leur emploi est très ancien.

L'ardoise est plus légère, plus unie et plus brillante que la tuile, mais elle est moins durable et moins solide ; on ne peut marcher sur l'ardoise et les hautes températures la font éclater. Le vent a plus d'action sur elle à cause de sa légèreté et la pluie remonte, par l'effet de la capillarité, dans ses joints serrés. Le contact prolongé de l'humidité est préjudiciable aux ardoises.

Tendre au sortir de la carrière, l'ardoise acquiert à l'air la dureté et la fissilité. La meilleure se trouve à une grande profondeur ; celle des premiers lits, rousse et pâle, se laisse pénétrer par l'eau et se délite par la gelée. L'ardoise pyriteuse s'effleure et s'exfolie. La bonne ardoise est extraite par blocs de 3 mètres de haut, elle se fend au maillet et au ciseau, puis se façonne et se taille à la hache (doleau). On trouve des bancs convexes, dont on tire les *ardoises coffines* qui servent à couvrir les dômes.

Une bonne ardoise doit être homogène, dure, d'un grain fin et serré, d'une couleur foncée et unie ; elle doit être légère, tendre, élastique, ne pas absorber l'eau, parfaitement plane, d'une épaisseur uniforme, se laisser tailler et percer sans se briser, avoir la sonorité métalloïde.

Essais : 1° Faire tremper dans l'eau pendant une journée jusqu'à 2 centimètres de son bord, une ardoise ; si, par l'effet de la capillarité, l'eau ne s'élève pas à plus de 1 centimètre au-dessus de la ligne de trempe, l'ardoise est bonne ; elle serait d'autant plus mauvaise que l'eau s'élèverait davantage ;

2° Peser l'ardoise, la plonger dans l'eau pendant une heure, la retirer et la peser à nouveau ; plus le poids de l'eau absorbée est considérable, plus l'ardoise est mauvaise ; l'ardoise d'Angers, pour une épaisseur de 0 m. 003, absorbe les 5/10.000 de son poids d'eau ; plus l'ardoise est épaisse, plus elle absorbe d'eau ;

3° Border l'ardoise de cire et remplir d'eau cette petit auge. Si, après plusieurs jours, l'eau n'a pas pénétré l'ardoise, sa densité est suffisante ; dans le cas contraire, il faut la rejeter.

La résistance des ardoises d'Angers à la rupture est de 7,046, coefficient supérieur à celui des meilleurs bois de chêne. Le coefficient d'élasticité est de 11,5 à 12, égal à celui d'une fonte moyenne. La résistance à l'écrasement varie de 877 à 1285 kilogrammes par centimètre carré, chiffres comparables à ceux des meilleurs granits.

Les ardoises sont taillées à leur extrémité apparente en carré, en losange, en rond, en ogive, en trilobe, etc. On les a quelquefois peintes ; on peut les émailler et même les dorer.

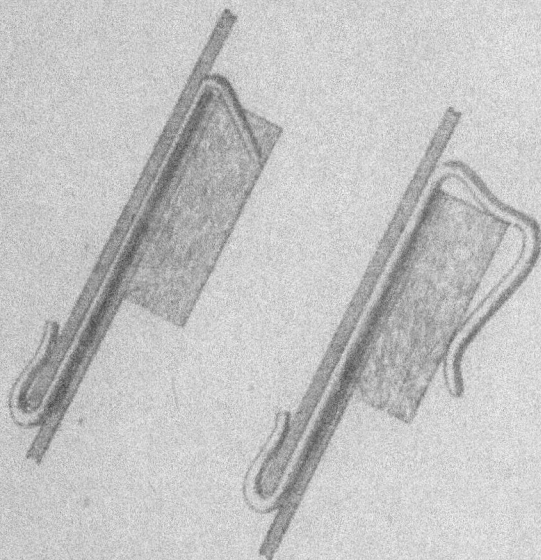

Fig. 138. — Crochet à pointe et crochet à pression pour la pose des ardoises.

L'ardoise d'Angers peut être employée à l'établissement des toitures de toutes inclinaisons.

L'inclinaison la plus ordinairement adoptée est comprise entre 30° et 45° ; mais elle peut varier sans inconvénient, ainsi qu'on en peut juger par de nombreuses applications, depuis la pente de 0,15 par mètre, en usage pour les combles en zinc, avec les ardoises modèle anglais de grandes dimensions posées à recouvrement convenable, jusqu'à la pente presque verticale des brisis en ardoises de moyennes dimensions.

Il est évident d'ailleurs qu'il est préférable de donner autant qu'on le pourra aux toitures en ardoises, comme aux toitures en toutes autres matières, la pente la plus rapide qui en favorise le bon entretien et la durée.

Les ardoises se clouent sur les voliges avec des clous en cuivre ou s'accrochent sur les voliges au moyen de crochets en fil de fer galvanisé ou en fil de cuivre (fig. 138).

Les crochets sont ordinairement employés dans les conditions suivantes :

Crochets fil n° 16, pour les ardoises ordinaires ;

Crochets fil n° 17, pour les ardoises modèle anglais du n° 5 au n° 12 ;

Crochets fil n° 18, pour les ardoises modèle anglais du n° 4 au n° 1.

On fait aussi des crochets à ardoises en tôle découpée et galvanisée

Emploi des ardoises modèles ordinaires. — Les ardoises modèles ordinaires peuvent être posées de différentes manières.

La règle suivante, basée sur ce principe que le vide sous le toit ou écartement entre les voliges, devra être égal au pureau ou partie visible de l'ardoise sur le toit, permet de déterminer aisément les éléments de l'établissement d'une toiture avec tous les modèles d'ardoises, soit au clou, soit au crochet.

Le pureau ou partie visible de l'ardoise sera égal au tiers de sa hauteur. L'écartement des voliges sera égal, d'axe en axe, au pureau et de rive en rive au tiers du pureau ; d'où il résultera que la largeur des voliges sera égale au deux tiers du pureau. L'application de cette règle conduit à déterminer les divers éléments contenus dans le tableau ci-dessus.

Les voliges seront débitées en sapin du Nord ou en peuplier et fixées par deux pointes à chaque chevron après que l'on se sera assuré que la charpente est parfaitement réglée. On ne doit accepter que dans des cas particuliers le voligeage jointif ou bouveté, parce que la circulation de l'air sous le toit pour y faire évaporer la condensation qui s'y dépose par la différence de la température intérieure à celle extérieure, est le plus grand élément de conservation des toitures.

Les ardoises reposeront sur trois voliges, de manière que leur chef de tête affleure le bord supérieur de la première volige et que leur chef de base affleure le bord supérieur de la quatrième volige. Elles devront être recouvertes aux deux tiers de leur hauteur et attachées par deux clous posés le plus en tête possible sans cependant approcher à plus de 0,020 des rives du haut et du côté de l'ardoise ; lorsqu'elles seront fixées par des agrafes, on exigera, de quelques formes qu'elles soient, qu'elles aient, au moins, 27 /10 de millimètre de diamètre en fer bien galvanisé ou mieux en cuivre rouge.

Toutes les ardoises ne pouvant être de même épaisseur, il est essentiel qu'avant de les poser sur le toit, le couvreur en fasse le triage en trois catégories, et par degrés d'épaisseur, les fortes seront aux égouts, celle de moyenne épaisseur au milieu du toit, enfin celles un peu plus minces près du faîtage.

L'ardoise d'Angers est élastique, on peut la serrer à volonté sans crainte de la briser, suivant les exigences de la toiture ; elle permet de faire, sous la main d'un ouvrier habile, tous les tranchis pour rives, arêtiers, noues, sous-doublis, approches de lucarnes et châssis, sans avoir recours à d'autres matériaux ainsi

POSE DES ARDOISES, MODÈLE FRANÇAIS

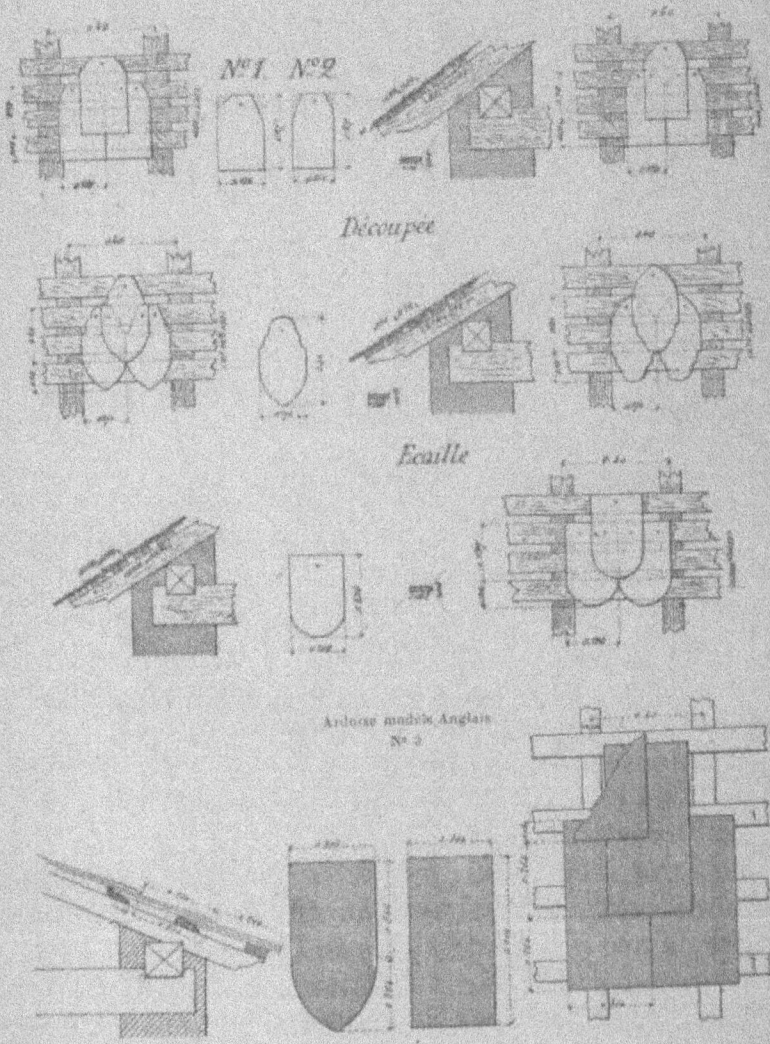

Fig. 139, 140, 141 et 142.

ARDOISES D'ANGERS, MODÈLES ORDINAIRES

DÉNOMINATIONS des ardoises	DIMENSIONS en millimètres			POIDS moyen des 1,000 ardoises	PUREAU ou partie vue de chaque ardoise, au recouvrement de 1/3 de la hauteur	NOMBRE					
	hauteur	largeur	épaisseur			d'ardoises par mètre carré	De rangs ou assises par mètre carré (BAS) (HAUT)		De rangs ou assises par mètre carré	De assises de rangs par mètre carré	Nombre
							DOS	APPUI			
1er carré, grand modèle	324	222	2,7 à 3,5	920 env.	0,11	42 net	94	42	94	9,25	48
1er carré, 1/2 forte	307	216	2,7 à 3	410	0,10	47	94	47	94	10-10	50
1er carré, forte	307	216	2,3 à 4	540	0,10	47	94	47	94	10-10	50
2e carré, 4e	297	189	2,7 à 3,5	410	0,01	52	104	52	104	10-10	50
Grande moyenne forte	297	180	2,7 à 3,5	360	0,10	55	110	55	110	10-10	50
Petite moyenne do	297	162	2,7 à 3,5	330	0,10	62	124	62	124	10-10	55
Moyenne	270	160	2,7 à 3,6	335	0,09	64	105	64	105	11-10	55
Flamande n° 1	270	162	2,7 à 3,5	350	0,09	68	136	68	136	11-10	55
Flamande n° 2	270	150	2,7 à 3,5	300	0,08	74	142	71	142	12-35	62
2e carré, n° 1	243	180	2,7 à 3,5	310	0,08	78	141	78	141	13-35	60
3e carré, n° 2	243	150	2,7 à 2,5	265	0,08	85	135	82	135	13-80	62
3e carré ou carrelette n° 1	216	155	2,7 à 3,5	760	0,07	86	160	86	160	13-80	65
Carrelette n° 2	216	132	2,7 à 4	200	0,07	114	128	114	128	12-35	65
Carrelette n° 3	216	95	2,7 à 4	150	0,07	140	200	140	200	13-50	65
Ardoises non échantillonnées { Poil taché, Poil roux, Hérdelle	237 au moins / 270 au moins / 280 au moins	159 au moins / 111 au moins / 108 au moins	2,7 à 4 / 2,7 à 4 / 2,7 à 4	460 / 300 / 430	0,09 moy. / 0,09 à ... / variable	70 env. / 50 à ... / »	160 / 160 / »	70 / 50 / »	160 / 160 / »	10-16 / 11-10 / »	50 / 50 / »
Ardoises taillées à la mécanique { grande model, Petite model, moyen ardoises	300 / 250 / 300	195 / 132 / 170	2,5 à 4 / 2,7 à 3,5 / 2,7 à 3,5	500 / 310 / 300	0,10 / 0,08 / 0,10	50 / 54 / 60	100 / 122 / 120	50 / 54 / 60	100 / 122 / 120	10-10 / 12-12 / 13-	50 / 56 / 60

ARDOISES ORDINAIRES

que toutes ornementations, par sa découpure sur toutes formes.

Pour compléter l'effet architectural des couvertures en ardoises, on peut ornementer la toiture au moyen

Fig. 143. — Epis en ardoises.

d'ardoises découpées ou taillées de différentes façons, posées par superposition ; on obtient ainsi ce qu'on appelle des « épis » qui, par leurs dessins, produisent à l'œil un aspect agréable en rompant la monotonie de la couverture en ardoises.

Parmi les nombreuses combinaisons qui peuvent être obtenues, nous reproduisons trois modèles des XVIIIe siècle, époque à laquelle ce genre de décoration était fréquemment en usage (fig. 143).

Emploi des ardoises modèles anglais. — Les ardoises modèles anglais, de quelque échantillon qu'elles soient, s'emploient par superposition, en se conformant aux règles suivantes :

Le couvreur, après s'être assuré que le chevronnage est parfaitement réglé, fixera le recouvrement ou liaison à donner à ses ardoises suivant l'angle d'inclinaison du toit ; il devra être de 0 m. 08 pour les toitures inclinées au-dessus et jusqu'à 20 degrés, et de 0 m. 10 à 0 m. 12 pour celles variant de 19 à 15 degrés. Le recouvrement adopté, on en déduira facilement : 1º le pureau ou surface visible de l'ardoise sur la toiture qui devra toujours être égal à la moitié de la hauteur de l'ardoise, déduction faite du découvrement ; 2º l'écartement des voliges qui doit toujours être égal au pureau. Les voliges doivent être en bois de sapin du Nord, attachées à deux pointes par chevrons, larges de 0 m. 08, mises en chanlattes aux épaisseurs suivantes: pour les nᵒˢ 1, 2, 3, de 0 m. 03, et 0 m. 02, pour les nᵒˢ 6 à 12, de 0 m. 02 et 0 m. 01. Si on employait des voliges sciées droites, ce qui est nécessaire pour la couverture avec n'importe quel système d'agrafe, on les mettrait aux épaisseurs moyennes des voliges chanlattées, 0,025, 0,020, 0,015, suivant numéros.

L'ardoise sera toujours clouée à deux clous en cuivre ; ces clous, qui peuvent varier de 0,035 à 0,025 de longueur, suivant les numéros d'ardoise employés, peuvent être placés soit en tête de l'ardoise, soit au milieu suivant que l'on veut plus ou moins serrer les ardoises entre elles, lorsque l'ardoise sera fixée par agrafe, on exigera, de quelque forme qu'elle soit, qu'elle ait au moins 0,003 de diamètre, en fer bien galvanisé, ou mieux de cuivre rouge.

Fortes pentes. — Pour les pentes au-dessus de 45º,

le pureau peut être égal à la moitié de la hauteur de l'ardoise et aux 3/4 de cette hauteur pour les pentes au-dessus de 60°.

Faîtages et raccordements. — Les faîtages et arêtiers des toitures en ardoises se font en zinc, plomb ou cuivre ou avec des tuiles faîtières posées sur mortier. Dans les toitures bon marché, les faîtages se font en laissant déborder l'un des rampants sur l'autre rampant. Le rampant qui est du côté de la pluie (ouest et sud) dépasse donc le faîtage d'environ un tiers de la longueur d'une ardoise, de façon à recouvrir les abouts des ardoises de l'autre rampant de la toiture.

Le raccordement des ardoises avec les arêtiers en zinc se fait au moyen de petits *noquets* en zinc (fig. 122 et 123) ou par une *bavette* (fig. 126).

Les raccordements avec les murs se font par des *solins* ou *ruellées* de plâtre, ciment ou mortier de chaux. Les raccordements sur noues et chéneaux se font par une bande de zinc ou de plomb (bavette ou oreille de chat) faisant saillie sur la noue.

Crochets d'échelle. — Pour permettre aux couvreurs de marcher sur les toits en ardoises, en cas de réparations, on pose des crochets en fer galvanisé fixés solidement dans les chevrons comme le montre la figure 145. Ces crochets permettent d'accrocher des échelles sur lesquelles montent les ouvriers.

Les crochets sont piqués dans le chevron et boulonnés. Ils sont garnis d'une plaque de zinc empêchant l'eau de pénétrer.

Réparations. — Les réparations des toits en ardoises clouées sont assez difficiles et demandent des ouvriers habiles ; elles sont beaucoup plus faciles sur les ar-

Toiture économique
en ardoise de Lorchi grand modèle
posant en quinçay de 0,125, par lattes 32 × 45

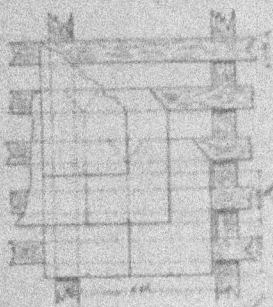

f. 144

f. 145

• Toiture en simple forme
(les Lorchi)

Toiture en losanges
(les Lorchi)

Toiture en ogive échancrée
(les Lorchi)

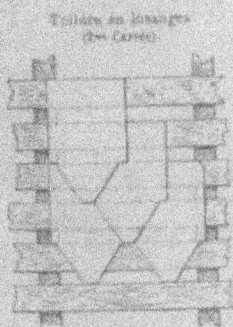

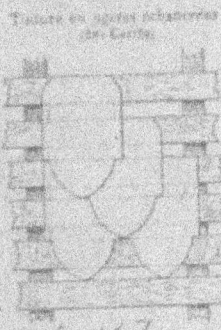

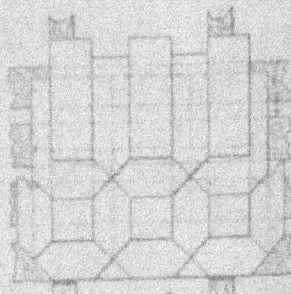

f. 146

f. 147

f. 148

Revêtements de murs exposés à la
pluie ou à la neige

Chaperon de mur

Inclinaison minimum d'un toit en ardoises
ordinaires recouvrant au tiers de leur hauteur

f. 149

Plan ou perspective d'une toiture en ardoises
ordinaires à 27 degrés

f. 150

f. 151

f. 152

Fig. 144 à 152. — Exemples de toitures en ardoises.

Ardoises d'Angers, modèles anglais

NUMÉROS D'ORDRE	DIMENSIONS EN POUCES ANGLAIS		DIMENSIONS EN MILLIMÈTRES			POIDS MOYEN des 104 ardoises	NOMBRE d'ardoises par mètre carré en recouvrement de 8 centimètres	NOMBRE de clous ou repères par mètre carré en recouvrement de 8 centimètres		NOMBRE de mètres de volige par mètre carré au recouvrement de 8 centimètres	NOMBRE de points à volige par mètre carré deux par chevron	NOMBRE moyen de mètres carrés de couverture exécutable par un compagnon et aide en une journée
	hauteur	largeur	hauteur	largeur	épaisseur			c.	a.			
1	25	14	640	360	4,5 à 6	310 k.	9.92	20	10	3.60	18	18
2	24	14	608	360		290	10.48	21	11	3.80	19	18
3	24	12	608	304		245	12.40	25	13	3.80	19	18
4	22	11	558	279		203	14.92	30	15	4.20	21	15
5	20	10	508	254		146	18.21	37	19	4.65	24	16
6	18	10	458	254		133	20.70	41	21	5.30	27	14
7	16	8	406	203		92	29.85	60	30	6.10	31	14
8	16	8	406	203		71	35.21	70	36	7.13	36	12
9	14	7	355	177		63	40.32	81	41	7.15	36	12
10	14	6 1/2	355	165	3,8 à 5	47	52.63	105	53	8.70	44	10
11	12	10	305	254		96	28.12	56	29	7.15	36	14
12	14	8	360	203		62	42.83	85	43	8.70	44	11
13	12	10	304	254		115	24.15	49	25	5.20	31	14
14	16	9	406	230		120	23.00	46	23	5.10	25	14
15	18	7	458	177		45	57.04	115	58	10.10	50	9
16	11	8	279	203		46	56.62	113	57	11.50	57	8
Ardoises carrées	10	14	254	360		1475	11.89	24	12	4.89	24	18
	14	13	360	330		1100	11.45	30	15	5.45	57	16
	13	12	330	304		950	18.26	18	19	6.06	31	16
	12	10	304	254		640	29.54	60	30	7.74	36	14
	10	9	254	228		470	44.44	90	45	9.35	44	10
	9		228	222								

doises agrafées où il suffit de faire glisser les ardoises vers le haut pour les dégager du crochet.

Prix de revient. — Le mètre carré de toiture en ardoises coûte de 5 à 6 francs, selon les cours des matériaux et le prix du transport des ardoises à pied d'œuvre.

Couvertures économiques en ardoises.

(D'après la Commission des Ardoisières d'Angers.)

Pour certains travaux, où l'économie des frais de premier établissement est un obstacle à l'emploi de la toiture ordinaire en ardoises, on peut adopter divers systèmes permettant de réaliser avec l'ardoise des toitures dites *économiques* rivalisant de bon marché avec les couvertures en tuiles et présentant comme principaux avantages : grande légèreté, dureté, étanchéité, réduction des dimensions de la charpente.

On trouvera ci-après la description de plusieurs modes de couverture, dont l'expérience a été faite à satisfaction depuis de nombreuses années.

1° *Couverture à claire-voie.* — La couverture à claire-voie est exécutée ordinairement avec les trois premières carrées (grand modèle, 1re carrée 1/2 forte, 1re carrée forte) ou avec les ardoises modèle anglais, en laissant entre elles un vide variable suivant leurs dimensions, mais tel qu'il reste encore de chaque côté des ardoises une partie recouverte ou liaison d'au moins 0 m. 08.

L'ardoise avec le recouvrement ordinaire est fixée de la manière habituelle, soit avec des clous, soit au moyen d'agrafes et les lattis sont ceux employés dans les toitures ordinaires.

Ce genre de toiture exige une inclinaison minima de 40° et présente, comme la tuile, l'inconvénient de laisser pénétrer la neige.

Il convient surtout pour les toitures provisoires, hangars, etc. (fig. 153.)

2° *Couverture oblique en ardoises, modèle anglais.* — La couverture en ardoises modèle anglais rectangulaires posées obliquement s'exécute avec les échantillons de grandes et moyennes dimensions, en raison de l'économie que procure leur emploi.

Ce système de couverture, très léger, solide, durable et *étanche*, s'adapte à toute inclinaison de toiture et convient surtout pour les grandes surfaces.

Le voligeage peut être jointif ou à claire-voie.

Voligeage jointif. — Le voligeage jointif peut être placé, comme d'ordinaire, perpendiculairement sur les chevrons, mais on peut également supprimer les chevrons et le fixer directement sur les pannes. On réalise ainsi une importante économie de charpente, tout en donnant à l'intérieur de la couverture un aspect plus agréable que celui du voligeage à claire-voie.

Voligeage à claire-voie. — Le voligeage à claire-voie est établi à 45° sur les chevrons distants, comme d'usage, de 0,40 d'axe en axe ; l'écartement des lattis est égal, d'axe en axe, à la hauteur (système n° 1) ou à la largeur (système n° 2) de l'ardoise diminuée de son recouvrement ; mais il est préférable, pour le bon conditionnement de la couverture, avec les grandes ardoises surtout, de réduire dans le cas du système n° 1, l'écartement de moitié par l'interposition d'un lattis de doublage (D) (fig. 154), destiné à donner plus de raideur à l'ouvrage.

Les dimensions des lattis sont variables suivant les bois dont on dispose ; les plus employés sont de 50 /20 ou 33 /27.

Système n° 1. — L'ardoise est posée à 45° par superposition, sa hauteur perpendiculaire à l'axe du lattis (fig. 154), avec un recouvrement qui ne doit pas être inférieur à 0,08 dans le sens de la longueur du crochet et à 0,06 dans l'autre sens, fixée au moyen d'un crochet en fil de fer galvanisé ou cuivre placé à la partie inférieure et buttée en tête contre un clou enfoncé à la rive supérieure des lattis à claire-voie, ou sur le voligeage jointif ; ce clou est destiné à empêcher l'ardoise de tourner et à faciliter, le cas échéant, son remplacement.

Système n° 2. — L'ardoise est posée à 45° par superposition, sa hauteur parallèle à l'axe des lattis (fig. 155) dans les mêmes conditions que le système n° 1, fixée par un crochet à sa partie inférieure et par un clou à sa partie supérieure, ce dernier disposé de manière à permettre, sans difficulté, le cas échéant, son remplacement.

Le système n° 2 exige, par mètre carré, l'emploi d'une longueur de lattis un peu plus grande que le n° 1, mais présente une plus grande rigidité que ce dernier.

3° Couvertures en ardoises carrées. — La couverture en ardoises carrées peut être exécutée avec des ardoises de diverses dimensions, 0,36 × 0,36, 0,33 × 33, 304 × 304, 254 × 254, 222 × 222 ; les trois premiers modèles sont le plus en usage en raison des avantages qu'ils présentent.

Couvertures économiques en ardoises

COUVERTURE ÉCONOMIQUE
EN ARDOISES MODÈLES CARRÉS

à 1 épaulement de 0m.15   *f. 154*

à 2 épaulements de 0m.10   *f. 155*

COUVERTURE ÉCONOMIQUE A CLAIREVOIE   *f. 153*

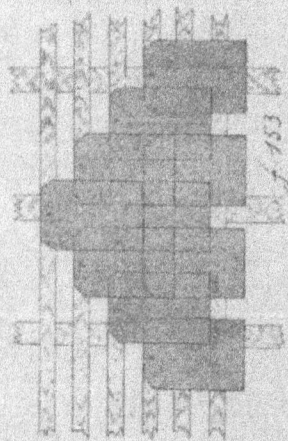

à 4 épaulements de 0m.05   *f. 156*

Parmi les divers systèmes de toitures économiques
en ardoises carrées, dont l'emploi remonte à de longues années, les principaux résident dans l'usage des
ardoises de taille ci-après :

1° Ardoises carrées avec un pan coupé de 0,18
(fig. 154).

2° Ardoises carrées avec deux pans coupés de 0,10
(fig. 155).

3° Ardoises carrées avec quatre pans coupés de 0,05
(fig. 156).

Disposition du lattis. — Les lattis de dimensions
variables, 50/15, ou 33/27, sont posés perpendiculairement à l'axe des chevrons, comme dans la couverture ordinaire.

L'écartement des lattis d'axe en axe est égal au
chiffre obtenu en retranchant de la moitié de la longueur de l'ardoise, mesurée suivant sa diagonale, la
moitié de la hauteur du recouvrement pris parallèlement aux chevrons.

La longueur de l'ardoise est déterminée entre les
deux pointes opposées, si l'ardoise est à deux pans
coupés ;

Entre deux pans coupés opposés, si l'ardoise est à
quatre pans coupés ;

Entre une pointe et le pan coupé si l'ardoise est à
un seul pan coupé.

Pose. — Les ardoises sont placées par superposition
leur diagonale perpendiculaire aux lattis et fixées à
ce dernier par des crochets ordinaires en fer galvanisé
ou cuivre ; sauf dans le système n° 1 à un seul pan
coupé, qui nécessite l'emploi d'un crochet spécial à
deux branches.

Calfeutrage des ardoises. — M. Rivoalen, architecte, a traité ainsi ce sujet dans la *Semaine des Constructeurs :*

Dans les régions où règnent les vents du sud-ouest, certaines portions de la toiture des édifices sont tellement éprouvées par les bourrasques que le renouvellement desdites parties de couverture est nécessaire deux fois l'an, pour les bâtiments couverts en ardoises fines.

Le système d'agrafe métallique n'est pas encore entré dans la pratique courante de ces contrées ; et, d'ailleurs, l'agrafe ne peut préserver la couverture des attaques de l'humidité.

Car les pluies fines, tourbillonnant avec le vent, fouettent, en tous sens, et « à rebrousse-poil », les couvertures d'ardoises ou de tuiles, s'insinuant en poussière humide entre les ardoises agrafées, aussi bien, sinon mieux, qu'entre celles fixées par de vulgaires clous.

Le voligeage et la charpente elle-même, l'un et l'autre en bois tendre et blanc, comme le veut notre époque très économique, sont rapidement attaqués par cette brume insidieuse et persistante.

La nature, qui semble avoir préparé tout exprès pour l'homme, et suivant chaque climat, les matériaux de tous genres, fournit aux habitants des montagnes une sorte d'ardoises grossières, dalles schisteuses lourdes, mais résistant indéfiniment aux intempéries des saisons, et au temps lui-même, ce grand et patient démolisseur.

C'est-à-dire que l'ardoise, dite « de montagne », constitue pour les édifices publics ou particuliers un matériel de couverture pour ainsi dire « perpétuel », survivant aux transformations, aux agrandissements, aux reconstructions partielles ou totales desdits édifices.

Nous avons souvent réemployé en couverture des ardoises de montagne couvrant des églises ou des manoirs depuis le XVIᵉ siècle ; ces ardoises déplacées et replacées, pour cause de réparations, aux XVIIᵉ et XVIIIᵉ siècles et enfin revenant toujours, comme les galets d'une grève normande après chaque grande marée, reprendre leur place et leur fonction sur les pans du comble renouvelé.

Comme les galets, nos vieilles ardoises s'usent lentement, s'amincissent, se rétrécissent et montent graduellement, après chaque remaniement, des rangs inférieurs qui avoisinent la gouttière jusqu'au faîtage du comble : les plus grandes placées en bas et les plus petites en haut.

Malheureusement, ces plaques ou dalles schisteuses comportent, à cause de la charge énorme dont elles affligent l'édifice qu'elles recouvrent, une dépense de charpente presque impraticable aujourd'hui, à cause de la cherté des bois de construction.

Et cependant l'entretien des toitures d'ardoises fines est chose ruineuse en bien des contrées.

Mais voici en quoi le calfeutrage des ardoises peut parer au défaut de planissage des grosses ardoises, souvent informes, et à la trop grande légèreté des ardoises fines répandues dans le commerce.

Les couvreurs des côtes bretonnes et normandes posaient anciennement lesdites ardoises de montagne sur un lattis en cœur de chêne à claire-voie ; une simple cheville de chêne, légèrement durcie au feu, passant par le trou de l'ardoise, formait crochet et s'arrêtait sur la latte correspondante.

Pour remédier aux intervalles que les inégalités des ardoises laissaient à la brume humide, aux tourbillons de pluie ou de neige, un matelas ou enduit de terre à bâtir s'étalait sur le lattis, à la pose de chaque ardoise ;

cet enduit, assez souple, calfeutrait parfaitement la couverture, tout en liaisonnant les matériaux.

L'emploi des ardoises fines a rendu difficile, presque impossible, ce genre rudimentaire de calfeutrage ; on a dû poser les ardoises sur un voligeage, puis sur un plancher véritable, jointif, afin d'intercepter l'introduction de la brume, de la neige, dans les combles, enfin aussi de lutter contre les insinuations des vents du sud-ouest, les tourbillons et les trombes.

Malgré ce surcroît de dépense en plancher de couverture, il faut souvent sceller les ardoises ou les rejointoyer au mortier de chaux ou de ciment. L'effet de ce rejointoiement est désastreux : l'humidité devient stagnante sur les pans de toiture, les planchers et le chevronnage pourrissent vite. De sorte que, si le vent a moins de prise sur les ardoises, l'humidité détruit ce qu'épargne la tempête.

Voici un procédé qui, soit avec clous, soit avec agrafes, peut calfeutrer très bien, sans grande dépense et par les soins d'un couvreur ordinaire, les couvertures exposées aux bourrasques de tous genres.

Il suffit d'appliquer sur chaque rang d'ardoises déjà posé, et sous le rang à poser, une bande de gros papier gris, tel que le papier d'emballage. Le papier à sucre, celui qui sert d'enveloppe aux pains, serait le meilleur pour l'emploi en question.

Clouée ou agrafée sur ce matelas élastique, compressible, et qui se dilate à l'humidité de l'atmosphère, l'ardoise se trouve fixée solidement, résiste aux sollicitations brutales du vent, et se trouve ainsi *calfeutrée* contre le brouillard et la neige.

C'est là le seul moyen qui, dans la pratique, nous ait donné un résultat avantageux et économique. Ceci, d'ailleurs, n'empêche pas l'emploi de l'agrafe

métallique à laquelle *ne peut nuire* ce genre de calfeutrage.

Il est hors de doute que le papier bitumé ou gou-
dronné, ne fournisse, en tout cas, un calfeutrage excellent au point de vue de l'humidité.

Toitures en fibro-ciment. — Le fibro-ciment est une
sorte d'ardoise faite avec du mortier de ciment Port-
land dans lequel on a mélangé des fibres d'amiante
ou de chanvre. Les plaques de fibro-ciment sont
fortement comprimées et acquièrent en durcissant à
l'air une grande dureté. Elles sont légères (9 kilos
par mètre carré), inaltérables, élastiques et d'une
durée indéfinie. L'ardoise de fibro-ciment est gris-
blanc, ce qui garantit les immeubles de la haute température solaire ; elle est incombustible ; on peut la
scier, limer, clouer et percer à l'emporte-pièce sans
qu'elle se fende. L'usine de fabrication du fibro-
ciment, à Poissy (Seine-et-Oise), publie une notice
détaillée sur le mode d'emploi de ce produit ; nous lui
empruntons les gravures ci-après qui montrent le
mode de pose des ardoises de fibro-ciment avec des
clous, crampons et agrafes spéciales en feuillard galvanisé.

Voici les dimensions et prix des ardoises de fibro-
ciment :

La figure 157 montre la pose avec clous et crampon spécial.

La figure 158 montre la pose avec clous et agrafes de
la figure 159.

Les figures 160 à 163 montrent les faîtages et arêtiers en fibro-ciment courbé à la forme du faîtage.

Les figures 164 et 165 montrent la manière de faire
les rives et les surplombs en plaques de fibro-ciment.

DÉSIGNATIONS	PRIX Francs		POIDS approximatifs Kilogrammes	
Ardoises de 0,40 × 0,40 cm., modèles 1, 2, 3 et 4	le mille	230 »	le mille	1250
— de 0,20 × 0,30 cm. — —		170 »		700
— de 0,20 × 0,20 cm. » —		79 »		330
Demi-ardoises de 0,20 × 0,40 cm., modèles 5, 6, et 7		145 »		625
— de 0,15 × 0,30 cm. —		90 »		350
Bandes d'écailles 0,60 × 0,10 cm., 7 écailles		132 »		440
— 0,60 × 0,15 cm., 5 et 4 écailles		188 25		650
— 0,60 × 0,20 cm., 7, 4 et 3 écailles		245 50		870
— 0,60 × 0,30 cm., 4 et 3 écailles		358 25		1384
Faîtières de 0,60 longueur, forme ronde ou carrée	le cent	35 »	le cent	122
— de 1 m. 20 — carrée		70 »		228
Plaques non comprimées de 1 m. 200 × 1 m. 200 × 5 mm. grises		259 20		1300
— de 0,60 × 0,60 × 5 mm. modèles 1, 2, 3, 4		64 80		325
Crampons tout cuivre	le mille	17 50	le mille	7
Agrafes pour plaques		23 50		14
— faîtières		15 »		19
Ardoises couleur rouge, noire et violette	10 p. 100 en plus.			

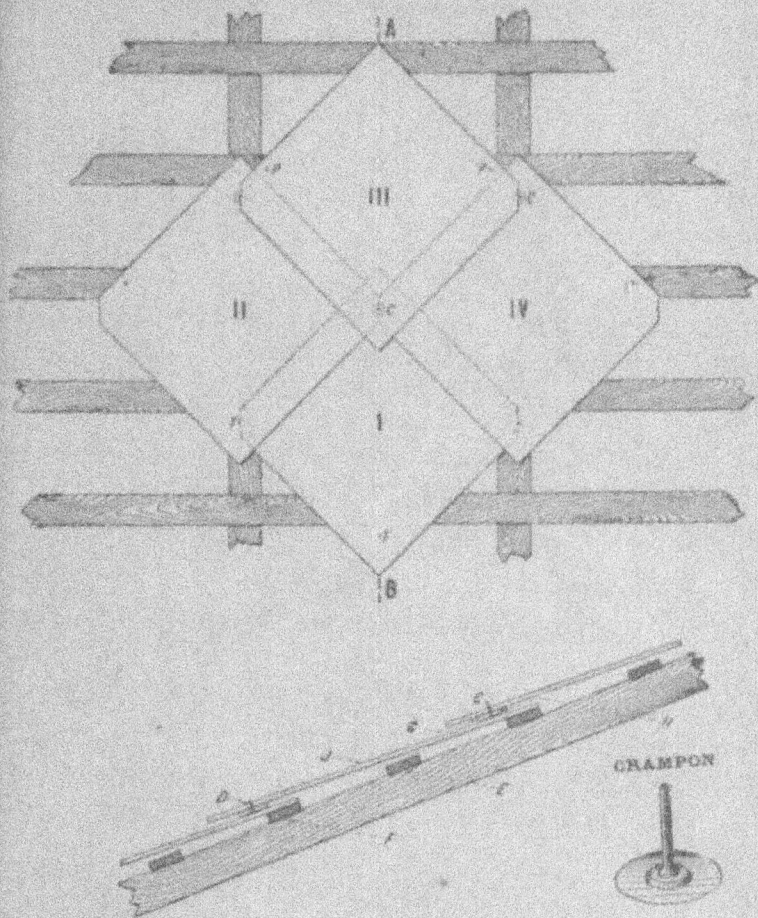

Fig. 157. — Pose des ardoises de fibro-ciment avec des clous p et des crampons spéciaux.
C. Crampon ouvert.
D. Crampon fixé.
E. Latte pour les ardoises II et IV.
F. Latte pour les ardoises I et III.
G. Ardoises II et IV.
H. Pan coupé de l'ardoise II.
J. Ardoises I et III.

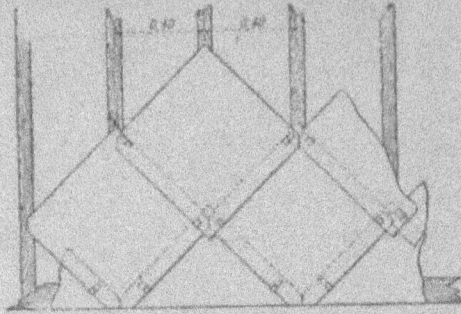

Agrafe

f. 158

f. 159

FAITAGES

Mode d'attache des Faîtières sur tasseau

f. 160

Faîtière ronde de 60 c/m de long

f. 161

Agrafe de fixage

f. 162

Faîtière droite de 1ᵐ20 de long, 0ᵐ20 de développement, 90°.

f. 163

RIVES

En Ardoises Nᵒ 6 et Nᵒ 7

f. 164

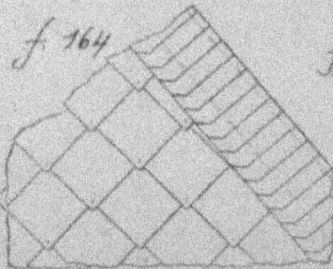

f. 165

L'ardoise III est clouée sur la demi-volige aux points désignés par la lettre P.

La rondelle du crampon est passée sous, et la tige entre les épaulements des ardoises II et IV. On engage ensuite la tige du crampon dans le trou C de l'ardoise III et on la rabat d'un coup de marteau dans le sens de la pente du toit.

De cette façon, chaque ardoise se trouve solidement maintenue par deux pointes et un crampon, qui en retient le coin libre et rend tout soulèvement par le vent impossible.

Les figures 157 et 158 sont des toitures économiques en grandes plaques de fibro-ciment, de 30 × 30 jusqu'à 1 m. 200 × 1 m. 200. Les petites ardoises de fibro-ciment s'emploient exactement comme les ardoises ordinaires dont nous avons décrit précédemment la pose.

Les plaques de fibro-ciment s'emploient pour revêtements extérieurs ou intérieurs et aussi pour plafonnages d'usines, magasins, etc.

Aucune préparation n'est nécessaire pour peindre le fibro-ciment avec des couleurs à la chaux, à la colle ou à la caséine. De même les papiers pour tenture se collent sur lui aussi facilement que sur des murs en plâtre.

Pour peindre à l'huile, il est nécessaire de donner préalablement une couche d'huile de lin cuite, additionnée de siccatif liquide.

Le masticage des joints et des imperfections des plaques se fait après avoir donné cette couche d'imprégnation.

Pour des travaux soignés, on enduira exactement comme on le ferait sur des boiseries.

Les mastics et enduits à employer sont les mêmes que ceux dont les peintres se servent habituellement.

Les toitures en fibro-ciment, ardoises petit modèle, coûtent 5 à 6 francs le mètre carré ; les couvertures économiques en plaques 1 m. 200 × 1 m. 200 coûtent 4 francs le mètre carré posées directement sur le chevronnage.

Toitures-terrasses en ciment armé. — Dans les bâtiments en béton armé, on fait des toits à faible pente ou en terrasse constitués par un plancher en ciment armé recouvert d'une *chape* ou enduit en mortier de ciment ou en asphalte. Ces toitures d'une grande solidité et d'une durée illimitée peuvent être recouvertes de terre végétale, sur laquelle on fait des plantations. On a ainsi une *toiture-jardin* ; plusieurs immeubles à Paris sont couverts de cette façon élégante.

Pour la construction de ces terrasses en béton armé, le lecteur se reportera au volume III de cet ouvrage. Ces toitures font corps avec les murs du bâtiment, suivant le principe établi pour les constructions en béton armé, que l'ensemble de l'édifice doit former un seul *monolithe.*

Toitures en verre. — Les toitures vitrées se font sur des fers à **T** ou sur des fers spéciaux représentés en coupe par la figure 166. Les fers à vitrage sont vissés ou cloués sur les pannes de la toiture. On les espace à la dimension des verres à vitre du commerce, afin de n'avoir pas à recouper les feuilles de verre ; le tableau ci-dessous indique les dimensions des verres polis et cannelés.

Tableau des mesures marchandes des verres à vitres

MESURES JUSTES						HORS MESURES					
Verre poli				Verre dépoli et cannelé		Verre poli					
c.	c.	c.	c.	c.	c.	c.	c.	c.	c.	c.	c.
69	s. 66	96	s. 48	69	s. 54	93	s. 42	114	s. 63	135	s. 84
72	63	102	s. 45	75	s. 51	97	s. 45	117	66	138	87
75	60	108	42	81	48	99	48	120	69	141	90
81	57	114	39	84	45	102	51	123	72	144	93
87	54	120	36	90	42	105	54	126	75	147	96
90	51	126	33	96	39	108	57	129	78	150	99
						111	60	132	81		

Le verre employé pour les toitures est le demi-double, le double, le verre cathédrale ou le verre cannelé. Le verre se pose à *bain de mastic* sur les fers à **T** ;

Fig. 166. — Fers à vitrages.

on le maintient avec de petites tiges en fer de 3 millimètres de diamètre, passées dans des trous percés à l'avance dans l'aile verticale du fer, et noyées dans le mastic. Ces tiges sont espacées de 0 m. 50 environ.

Les feuilles de verre sont posées à recouvrement l'une sur l'autre, de 0 m. 05 à 0 m. 10 selon la pente du toit. Pour empêcher les feuilles de glisser on les accroche avec une bande de zinc en forme de Z (zinc n° 12 de 3 centimètres de largeur). Le verre demi-double posé coûte 3 fr. 60 le mètre carré ; le verre cathédrale 4 francs, le verre double 6 francs environ, non compris les fers à vitrages. Une toiture en verre pèse de 8 à 12 kilos le mètre carré.

Les toitures vitrées ont l'inconvénient d'absorber et d'emmagasiner la chaleur solaire ; pour combattre cet inconvénient, on les barbouille, en été, avec un enduit au lait de chaux, ou bien on les recouvre de claies ou de stores quelconques.

Disposition pour couverture en verre sur charpente en fer. — Le mastic de vitrier est presque universellement employé pour fixer les feuilles de verre aux charpentes en fer de toitures, cours vitrées, marquises, serres, etc. Il s'en faut cependant de beaucoup que ce mode de fixation soit irréprochable. Dans les alternatives de dilatation et de contraction auxquelles le fer est continuellement soumis par les variations de température, le mastic se crevasse et s'écaille. De là résultent des fissures à travers lesquelles les eaux de pluie finissent par passer, et la nécessité de réparations plus ou moins fréquentes.

Depuis quelques années, plusieurs systèmes de construction ont été proposés pour supprimer l'emploi du mastic sans tomber dans de trop grands excès de dépenses. Celui que la figure ci-jointe fait comprendre est d'origine allemande ; il est appliqué à la couverture des ateliers de réparation de voitures des chemins de fer de la Thuringe, à Gotha. Les chevrons Z de la toiture, suivant la pente du toit, sont en fer Zorès. Il n'y a pas de pannes ; la quantité de

lumière interceptée est donc réduite au minimum.
Les feuilles de verre V reposent sur des bandes de
feutre F qui recouvrent elles-mêmes les ailes des
chevrons. Elles sont maintenues en place par une

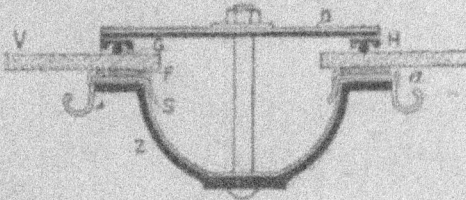

Fig. 165 bis.

plaque de recouvrement en fer feuillard D, serrée
contre le chevron par des boulons de distance en
distance. Pour que le verre ne se casse pas en ser-
rant les boulons, et pour rendre les joints étanches,
des boudins en caoutchouc G, maintenus latéralement
par les fers profilés H, sont intercalés entre le verre
et la plaque de recouvrement. Entre les coussins
de feutre et les ailes du chevron, se trouve une bande
de zinc S repliée en rigole, dans laquelle l'eau prove-
nant des vapeurs condensées sur la surface intérieure
des vitres trouve un chemin facile pour s'écouler.
Deux petites bandes également en zinc a, clouées des
deux côtés de la feuille S, préviennent tout déplace-
ment latéral des coussins de feutre.

L'exécution d'une semblable couverture est facile
et rapide, et les remplacements de vitres brisées peuvent se faire sans difficulté.

Le système semble cependant susceptible de modi-
fications, grâce auxquelles les frais d'établissement
pourraient être diminués.

CHAPITRE VIII

ISOLEMENT CALORIFUGE DES TOITURES MURS ET PLANCHERS

Il y a le plus grand intérêt à rendre les toitures isolantes du froid et de la chaleur, surtout lorsqu'il s'agit
de toitures d'usines, ateliers ou magasins et que la

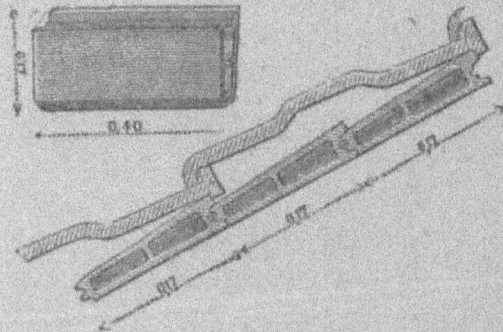

Fig. 166 *bis*. — Hourdis en terre cuite sous tuiles mécaniques.

toiture recouvre directement le local habité. De même,
les combles mansardés ne peuvent être habitables que
si la toiture est suffisamment isolante de la chaleur et
du froid.

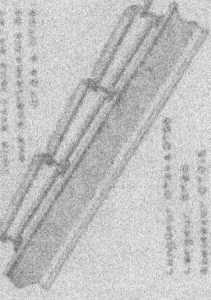

Fig. 167 à 175. — Application d'entrevous E. Muller à l'isolement des toitures et planchers.

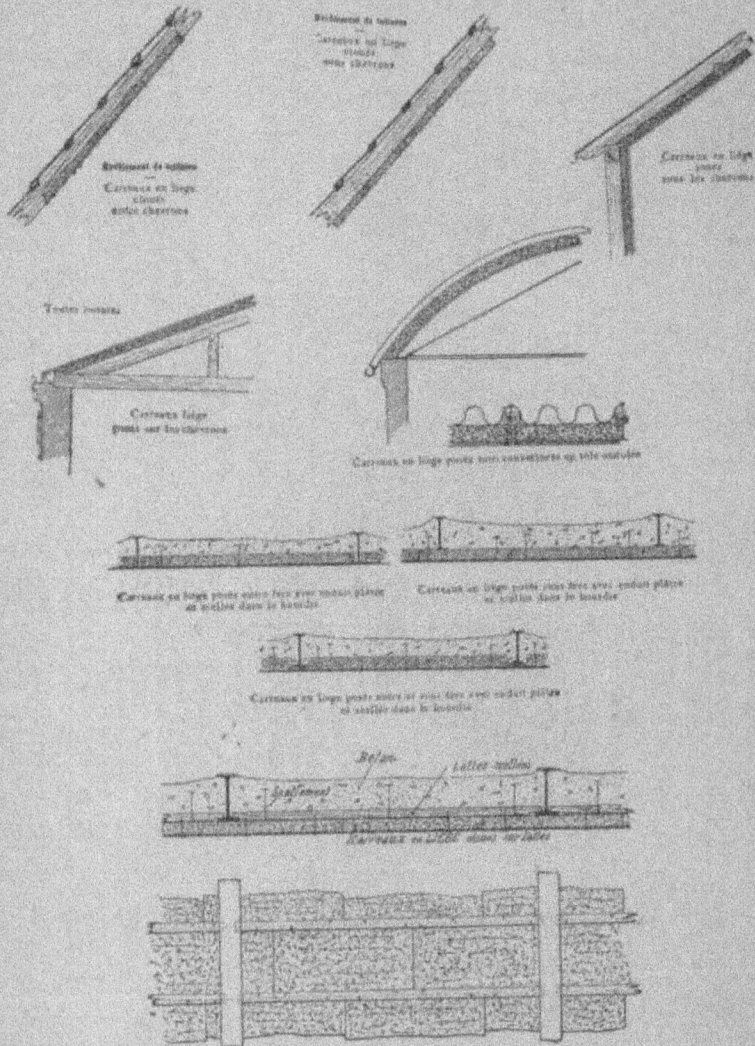

Fig. 177 à 187.

Les procédés employés pour l'isolement des toitures sont les mêmes que pour les planchers et les murs, nous allons décrire les principaux. L'isolement des toitures et parois d'un bâtiment économise le combustible en hiver et rend l'habitation confortable en été.

Pour rendre une toiture isolante, on peut poser, sous le chevronnage, du parquet en sapin de 18 ou 25 mil-

K = de liège aggloméré
P = ciment
L = linoléum

Fig. 188.

limètres d'épaisseur ; ce revêtement en bois a l'inconvénient d'être sujet à l'incendie ; on peut le remplacer très avantageusement par un plafonnage en plâtre sur des lattes clouées sous le chevronnage.

Un autre système consiste à poser des *hourdis* ou *entrevous* en poterie sous les tuiles ou entre les chevrons ou poutrelles des toits et planchers.

Nos figures 167 à 176 montrent les applications de ces poteries à l'isolement des toitures et planchers.

Enfin, depuis nombre d'années, on emploie la *brique de liège agglomérée* pour forme des revêtements d'une haute valeur isolante sous les toitures, contre les brisis et les cloisons minces et sous les planchers de toutes les parties du bâtiment.

Nos gravures 177 à 187 montrent l'emploi des briques et carreaux de liège aggloméré sous les toitures et sous les planchers.

La figure 188 ci-dessus montre l'isolement d'une toiture mansardée au moyen de carreaux de liège posés sous le zinc et sous les brisis.

Les carreaux de liège sont simplement cloués sur les charpentes ; ils sont très réfractaires à l'incendie.

CHAPITRE IX

GOUTTIÈRES, CHÉNEAUX, DESCENTES D'EAU

Ordonnance de police du 30 *novembre* 1831 (reproduite dans le titre III de l'Ordonnance du 25 juillet 1862.)

« ... Les propriétaires des maisons bordant la voie publique, et dont les eaux pluviales des toits y tombent directement, seront tenus de faire établir des *chéneaux* ou des *gouttières* sous l'égout de ces toits, afin d'en recevoir les eaux qui seront conduites jusqu'au niveau du pavé de la rue au moyen des tuyaux de descente appliqués le long des murs de face avec 16 centimètres au plus de saillie.

Les gouttières ne pourront être qu'en cuivre, zinc ou tôle étamée, et soutenues par des corbeaux en fer.

Les tuyaux de descente ne pourront être établis qu'en fonte, cuivre, zinc, plomb ou tôle étamée, et retenus par des colliers en fer à scellement. Une cuiller en pierre devra être placée sous le dauphin de descente lorsque ces tuyaux n'aboutiront pas à une gargouille ou à un conduit souterrain.

Les chéneaux, gouttières, tuyaux de descente, gargouilles et cuillers seront entretenus en bon état... »

Les *gouttières* sont des caniveaux en zinc ou en autre métal (tôle galvanisée ou cuivre), généralement

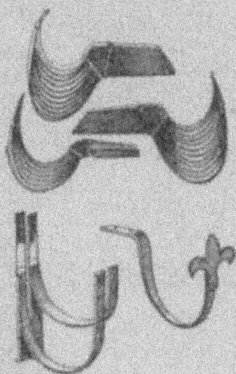

Fig. 189.
Crochets de gouttières

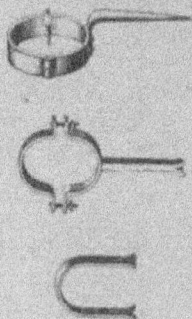

Fig. 190
Colliers pour tuyaux
de descente

Fig. 191
Crapaudines.

Fig. 192.
Z. Gouttière pendante.
B. Couverture d'entablement.
P. Crochet en fer plat.
A. Bande d'agrafe.

de forme demi-cylindrique, fixées au-dessous des égouts des rampants de toitures. Quand le toit forme *auvent* et déborde le mur, la gouttière est *pendante*,

autrement, elle se pose sur la corniche qui surmonte le
mur. Les gouttières se fixent avec des crochets en fer
forgé que l'on cloue sur la face verticale des chevrons
(fig. 189).

La figure 192 montre la pose d'une gouttière ; celle-
ci doit être inclinée d'au moins un demi-centimètre
par mètre pour permettre l'écoulement des eaux du
côté du tuyau de descente. Pour réaliser cette inclinaison, on pose les crochets à des hauteurs différentes.

Voir pour les dimensions des gouttières le tableau
et la figure 135. Les gouttières se font généralement
en zinc n° 12 ou n° 14. On pose les crochets tous les
0 m. 50 et au plus tous les 0 m. 80. Les gouttières de
grande longueur ne doivent pas être soudées toutes
ensemble ; on doit, tous les 3 ou 4 mètres, les poser
à recouvrement de 0 m. 20 pour permettre la libre
dilatation du métal.

Les *chéneaux* sont plus larges et plus profonds que
les gouttières. On leur donne au moins 0 m. 27 de
largeur et 0 m. 22 de profondeur, mais on les fait souvent beaucoup plus larges (0 m. 33 et plus) si les rampants du toit ont une grande longueur.

Parmi les précautions à prendre en construisant un
chéneau, la plus essentielle est de laisser au zinc la
dilatation libre dans tous les sens, ce qu'on peut obtenir par l'emploi d'un des systèmes ci-après.

Il faut aussi que la disposition de leur emplacement
soit convenable, qu'elle permette de leur donner des
dimensions en rapport avec les quantités d'eau qu'ils
auront à recevoir et par suite avec l'importance des
surfaces de couverture qu'ils auront à desservir. Il ne
faudra même pas craindre de leur donner des dimensions plus grandes qu'il ne serait rigoureusement nécessaire, parce que, les chéneaux devant toujours être

tenus très propres, il est indispensable de pouvoir circuler à leur intérieur pour les balayer et l'hiver enlever les neiges qui, en fondant, pourraient occasionner des infiltrations.

Le passage dans l'intérieur des chéneaux fatigue le métal et peut le détériorer dans un temps plus ou moins long ; aussi est-il préférable, toutes les fois que la disposition de l'entablement et de la charpente de la toiture le permet, de réserver longitudinalement aux chéneaux, comme le représentent les figures 193 et 194, une banquette qui sert de chemin pour permettre de faire, sans entrer dans le chéneau, ce service d'entretien.

On ne peut que très rarement éviter, dans l'exécution d'un chéneau, de souder plusieurs feuilles ensemble, mais, en règle générale, il faut chercher à réduire le plus possible le nombre de ces feuilles ; lorsque la longueur et la hauteur (ou profondeur) du chéneau ne permettent pas d'y établir ou d'espacer convenablement des ressauts assurant la dilatation des feuilles, il faut, pour éviter l'obligation de souder un trop grand nombre de feuilles entre elles, par exemple plus de deux ou trois feuilles, rapprocher le plus possible les tuyaux de descente, ce qui permet de diviser la longueur totale du chéneau en plusieurs parties formant pour ainsi dire autant de chéneaux séparés de longueur réduite, dont la dilatation pourra alors s'effectuer facilement.

C'est en vue de ménager cette dilatation qu'on place au milieu de la distance existant entre deux tuyaux de descente, peu éloignés l'un de l'autre, le point de départ de la pente du fond de chacune de ces deux parties du chéneau vers son tuyau de descente, point où se trouve ainsi la haute pente, et qu'on laisse libres les extrémités des feuilles aboutissant à cet endroit, en les relevant, sans les clouer, contre un tasseau sur lequel est ensuite placé un couvre-joint ; on

Fig. 193.   Fig. 194.

a Bande d'agrafe ;
b Couverture de l'entablement en feuilles de 1 mètre ;
c Coulisseaux de dilatation ;
d Équerres ou supports en feuillards de 0 m. 006×0 m. 030 espacées de 0 m. 50.
e Gaine ou pontet soudé et maintenant le pied des supports ;
g Devant de chéneau ou socle avec coulisseaux de dilatation ;
h Pattes soudées et rabattues sur la moulure du bas du socle, espacées de 0 m. 33 environ.
i Chéneau-gouttière maintenu sur les supports par les pattes k et s'agrafant avec la partie supérieure du socle ou ayant son fort boudin retenu par des pattes l.
k, k' Pattes clouées sur volige ou sablière maintenant le chéneau et la bande d'égout en embrassant le bourrelet ou boudin du chéneau.
n Pattes vissées sur les équerres.

réduit ainsi de moitié la longueur de chaque partie du chéneau. Dans le même but, on pratique aussi des coupes de dilatation.

Les figures 193 et 194 montrent un chéneau posé sur des équerres ou supports en feuillard épais 30 mm. × 6 mm.

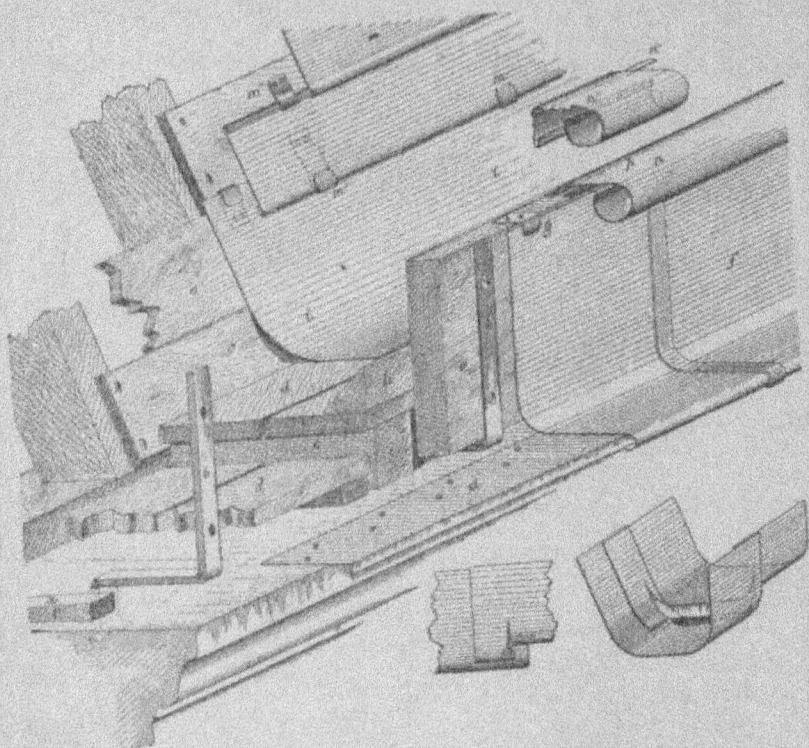

Fig. 195.

Légende :

a Bande d'agrafe fixée sur l'entablement.
b Équerres ou supports en fer (0 m. 008 × 0 m. 040), espacées de 0 m. 80
   à 1 mètre, scellées dans la maçonnerie de l'entablement.
c Coyaux ou lambourdes formant les ressauts.
d Voliges de 0 m. 020 à 0 m. 027 de fond de chéneau ;
e Planche de socle de 0 m. 027 à 0 m. 040 fixée sur les équerres.
f Devant de socle en zinc à dilatation libre.
g Pattes en zinc maintenant le devant du chéneau.
h Chanlatte en sapin évitant le pliage du zinc à angle droit.
i Chéneau en zinc maintenu par les pattes m et g placées en sens contraire.
m, m', m'' Pattes en zinc clouées sur la volige tous les 0 m. 50.
n, n' Main-courante en zinc portant à une de ses extrémités n 2 pattes p
   soudées à l'intérieur et clouées sur le dessus de la planche du socle
   et à l'autre extrémité n' une patte p' également soudée et s'engageant
   entre les deux autres ; le recouvrement de n et n' est de 0 m. 06
   à 0 m. 10.

La figure 195 montre un chéneau posé sur un *encaisse-ment* avec fonçure en planches de 4 centimètres d'é-paisseur. Le devant de l'encaissement est formé par un madrier sur champ maintenu par des équerres en fer.

Le chéneau à ressauts peut être horizontal, mais il

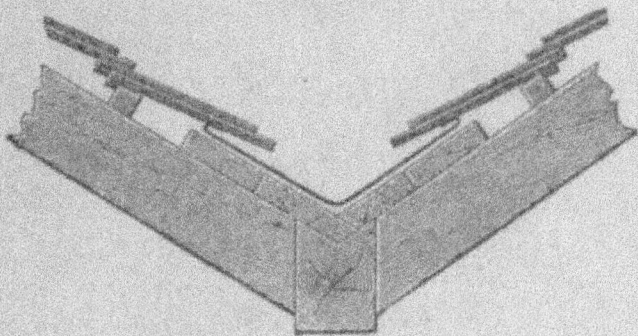

Fig. 195.

est préférable de lui donner une légère pente (2 milli-mètres par mètre).

Il est inutile de multiplier par trop le nombre des ressauts, lors même que la disposition et les dimensions du chéneau le permettraient ; il est préférable d'en avoir moins et d'en augmenter la hauteur ; l'étanché-ité est ainsi mieux assurée et de plus il en résulte une économie.

On fait des chéneaux en tôle galvanisée ou en fonte mince raccordés entre eux par des joints en caout-chouc et par emboîtement l'un sur l'autre (Bigot-Renaux, Menant, etc.). Ces chéneaux se placent sus-pendus sur crochets en fer, encaissés ou apparents sur l'entablement des murs. On doit leur donner une pente de 2 millimètres au moins par mètre.

Dans le chéneau en fonte de MM. Tassart et Pavy, le joint est rendu étanche par une feuille de plomb placée entre le bout mâle et le bout à emboîtement des parties de chéneaux, et fortement serrée par des boulons. Le croquis indique la disposition de la feuille de plomb entre les extrémités, et la façon dont celles-ci sont assemblées pour former une sorte de serrage contrarié au cas où une forte gelée ou une chaleur intense viendraient à faire rétracter ou dilater la fonte. Cette précaution était bonne à prendre, bien que la fonte soit beaucoup moins sensible à l'action de la température que le plomb ou le zinc. La feuille de plomb a un demi-millimètre d'épaisseur.

La coupe du chéneau figure le système de pose à la haute pente. Le système est le même d'ailleurs pour toute la longueur, avec cette différence que la traverse D, que l'on place de mètre en mètre, diminue successivement d'épaisseur et disparaît à proximité de la chute. On se rend donc aisément compte du procédé suivi pour régler la pente. Les traverses peuvent d'ailleurs être remplacées par une maçonnerie sur toute la longueur du chéneau.

Ici, le chéneau sert d'égout à deux toitures, l'une L, vitrée, à gauche ; l'autre, K, en tuiles à emboîtement, à droite. Le raccord en zinc M est indispensable pour empêcher l'eau de tomber entre le bord du chéneau et la paroi de la construction. Un autre raccord en zinc M est également nécessaire lorsqu'on ne fait pas descendre la tuile plus bas dans le chéneau, ce qui est d'ailleurs toujours facile.

Les parties de chéneau sont maintenues latéralement par des cales et reposent sur une planche de fond de 110 millimètres de longueur et de 27 millimètres d'épaisseur.

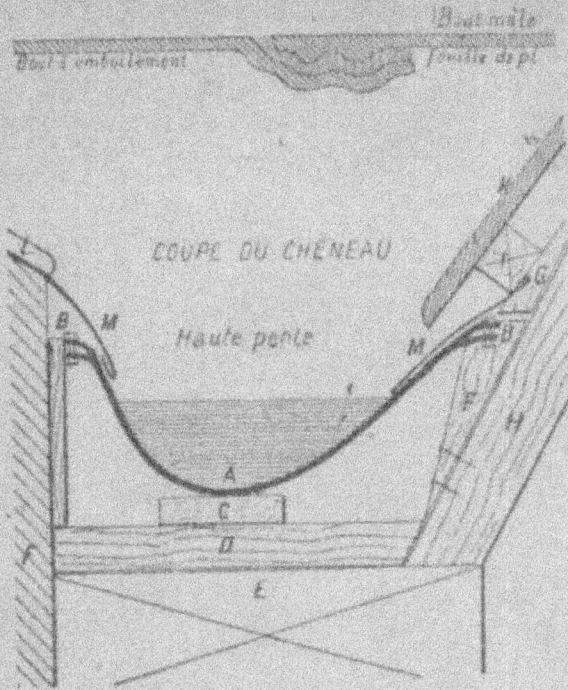

COUPE DU CHÉNEAU

Haute pente

LÉGENDE

A. Chéneau.
B. Boulons.
C. Planche de fond.
D. Traverse pour régler la pente.
E. Sommier.
F. Cales.

G. Coyau.
H. Chevron.
I. Liteau.
K. Tuiles.
L. Vitrage.
M. Raccord en zinc.

Le prix du mètre courant de chéneau est établi comme suit, à Paris :

Chéneau pris à l'usine	7 fr. 75
Port, octroi, camionnage, 10 0/0	0 fr. 77
Planche de fond, traverses	0 fr. 60
Cales en bois	0 fr. 50
Plus-value pour pièces spéciales	0 fr. 25
Pose	1 fr. »
Total	10 fr. 87

On peut donc compter en moyenne 10 fr. 50 le mètre courant.

Les gouttières du même système présentent les mêmes dispositions quant aux joints et les mêmes qualités d'étanchéité ; elles sont montées sur crochets comme les gouttières ordinaires.

Noues. — Les *noues* sont des chéneaux placés dans les angles rentrants formés par les raccordements inférieurs des toitures. On forme les noues avec une feuille de zinc ou de tôle ou cuivre, disposée comme le montre la figure 196. On fait aussi des noues avec des tuiles creuses, mais elles ne peuvent convenir qu'à des toitures de peu de surface. Les noues doivent être assez larges et profondes pour recevoir toutes les eaux sans déborder. On pose la noue sur un voligeage à deux pentes ayant généralement un développement de 0 m. 70 à 1 mètre. On ménage des joints de dilatation soit à recouvrement et agrafure, soit à ressauts. On donne à la noue le plus de pente possible, au moins 3 millimètres par mètre.

Calcul des dimensions des chéneaux et gouttières (d'après la *Semaine des Constructeurs*). — Commençons par nous rendre compte, aussi exactement que nous le pourrons, de la manière dont se fait l'écoulement des eaux pluviales dans les chéneaux.

Soit un pan de toiture, plus ou moins incliné et de largeur uniforme, bordé dans sa longueur, par un chéneau quelconque n'ayant qu'un bout fermé. Pour mieux nous faire comprendre, nous supposerons le pan de toiture subdivisé, par des plans perpendiculaires à son arête, en une infinité de tranches égales entre elles, c'est-à-dire recevant toutes, à leur surface, une même quantité de pluies et la déversant en même temps dans le chéneau par le chemin le plus court.

La masse des pluies que reçoit ainsi le chéneau se dirige vers l'issue de ce chéneau, en formant un courant à section croissante et que nous pouvons supposer formé, à peu de chose près, d'un volume d'eau simple au droit de la première tranche, double au droit de la deuxième, triple au droit de la troisième, et ainsi de suite jusqu'à la fin du chéneau ; cela reste vrai quelle que soit l'intensité des pluies et la grosseur du courant qui en résulte ; en admettant toutefois que le courant s'engouffre dans un tuyau de descente, soit qu'il se poursuive avec sa dernière section transversale dans un prolongement du chéneau.

Si le chéneau est d'une égale largeur dans toute sa longueur, la coupe longitudinale du courant peut se représenter, approximativement par un triangle rectangle très aplati, dont le petit côté serait égal à la profondeur de l'eau à l'issue de ce chéneau, profondeur variable suivant l'intensité des pluies.

L'hypoténuse du triangle marque l'inclinaison de la face de glissement du courant, soit sur le fond même du chéneau, si ce fond est en pente convenable, soit sur l'eau qui s'accumule nécessairement sous ce courant, si le fond est horizontal, et qui y reste pour ainsi dire stagnante tant que dure le régime normal d'écoulement que nous venons de décrire. Cette inclinaison augmente ou diminue comme l'épaisseur du courant à l'issue du chéneau, suivant l'intensité des pluies, et, dans le cas d'un chéneau à fond plat, elle se règle d'elle-même à travers la masse d'eau qui remplit plus ou moins le chéneau.

Ainsi donc, premièrement, pour que la forme d'un chéneau encaissé entre des rebords parallèles, con-

corde avec celle du courant d'eaux pluviales qu'il
doit évacuer normalement, il faut qu'il possède un
fond placé en pente comme l'ont, par exemple, les
chéneaux-gouttière (chéneaux formés avec une gouttière à bords horizontaux), qui se font d'une seule
pièce avec des feuilles de zinc soudées entre elles
bout à bout, ou les chéneaux à ressauts, soit en zinc,
soit en plomb, qu'on établit ainsi pour laisser du jeu
au métal sous des températures diverses. Quant aux
chéneaux en terre cuite ou en fonte, les seuls qui se
fassent avec un fond parallèle à leurs bords, parce
qu'ils se composent d'une suite d'éléments semblables reliés l'un à l'autre par des joints plus ou moins
étanches, on les pose légèrement en pente — 2 à 3 millimètres par mètre, tout au plus — en faussant leur
horizontalité, pour faciliter l'écoulement de l'eau.
Ils sont condamnables, en principe, à moins qu'ils ne
soient desservis par des tuyaux de descente très rapprochés ; mais ils sont souvent économiques, ceux en
fonte surtout, et de facile emploi. La simplicité de
fabrication de leur unique élément constituant est
leur principale sinon unique raison d'être.

On remarquera que les chéneaux à fond horizontal
ou en pente, faits d'une seule pièce et, par conséquent,
étanches, peuvent laisser sans inconvénient s'accumuler au-dessus de leur orifice d'évacuation une beaucoup plus grande hauteur d'eau, à un niveau cons-
tant, pendant la durée des pluies, que les chéneaux à
ressauts, dans lesquels cette hauteur est nécessairement limitée par le niveau inférieur du ressaut de
basse pente, pour ne pas donner lieu à des infiltrations par ce ressaut ; d'où résulte l'obligation de
donner aux chéneaux à ressauts une largeur plus
grande qu'aux chéneaux-gouttière, et à leurs tuyaux
de descente un plus fort diamètre, pour une même

quantité d'eau à évacuer. Le calcul ne peut donc pas toujours suffire pour déterminer les dimensions des chéneaux ni de leurs tuyaux de descente. D'ailleurs, les chéneaux ne sont pas seulement des canaux d'écoulement des pluies, mais aussi, presque généralement, des chemins naturels de service, ce dont il faut tenir compte dans l'étude de leur disposition convenable selon les circonstances.

Nous ferons remarquer encore, pour en finir de suite avec nos observations préalables, que les fonds de chéneaux concaves dans le sens transversal, sont préférables aux fonds plats même avec une pente moindre, parce qu'ils ramassent l'eau des pluies jusqu'à la dernière goutte sur un thalweg étroit, en ligne droite, et en précipitant ainsi l'évacuation, au lieu de la laisser s'attarder plus ou moins en s'éparpillant. Mais la forme demi-circulaire, la meilleure qui soit certainement, au point de vue spécial qui nous occupe dans cette étude, n'est pas également bonne, comme chemin de service, à beaucoup près, parce que le pied n'y peut trouver un appui aussi sûr que celui que présentent les surfaces planes ; aussi certains constructeurs aplatissent-ils le plus possible les chéneaux-gouttières, et les élargissent-ils bien au-delà des limites nécessaires pour l'écoulement des pluies, tandis que d'autres s'efforcent, au contraire, pour ne pas déranger leur fonction hydraulique, de leur adjoindre une banquette à usage de chemin. Nous n'insisterons pas sur ce point.

Terminons par un exemple :

Soit un chéneau-gouttière à fond demi-cylindrique, de 12 mètres de longueur et desservant les toitures d'un bâtiment de 10 mètres de profondeur. La surface de ce bâtiment, multipliée par la quantité d'eau par mètre et par seconde que peuvent fournir, à Paris, les plus violents orages, nous donnera le volume d'eau que le chéneau doit pouvoir débiter dans la même unité de temps.

A Paris, cette quantité est de 0 mc. 0000342 ; elle est de 0 mc. 0000333 à Marseille (orage du 16 septembre 1879) ; à Rouen, d'après M. Bigot-Renaux, elle ne dépasse pas 0 mc. 0000120. Supposons une pente totale de 0 m. 10, ce même chiffre 0 m. 20 marquant le maximum de hauteur d'eau qui peut s'accumuler sur l'ouverture du tuyau de descente, en contrebas du trop-plein. On prend ordinairement cette pente totale comme rayon de la section transversale, en basse pente, pour le tracé des chéneaux de taille moyenne.

M. Bigot-Renaux s'est servi de la formule suivante, connue en hydraulique, pour calculer le débit théorique de ses modèles de chéneaux. Nous nous en servirons également, en faisant remarquer qu'elle exige des tâtonnements pour déterminer la section. Voici cette formule

$$Q = S \times 50\sqrt{\frac{S}{P} \times I},$$

dans laquelle

Q désigne le cube d'eau qui est à évacuer par seconde, qui est ici de

$$120^{\text{mc}} \times 0,0000342 = 0^{\text{mq}}004\,104 ;$$

S, la section du chéneau en basse pente, limitée en hauteur par le niveau du trop-plein, cette section étant ici demi-circulaire $\frac{\pi R^2}{2}$;

P, le périmètre mouillé, ici égal à π R.

Et I, la pente par mètre (0 m. 0833), très suffisante pour un chéneau à section demi-circulaire.

Le rapport $\frac{S}{P}$ représente ce que l'on appelle le rayon moyen ; il est égal, la section étant circulaire, à la moitié du rayon de courbure du chéneau, soit ici 0 m. 05.

Si nous cherchons ce que devient Q avec toutes ces données, nous trouverons

$$Q = \frac{3,14 \times 0,10^2}{2} \times 50 \sqrt{0^m05 \times 0^m0833} = 0^{mc}016.$$

Or, la quantité d'eau à évacuer n'est que de 0 mc 004, c'est-à-dire qu'elle est quatre fois moindre. On pourrait donc réduire notablement la pente et la section du chéneau-gouttière que nous avons pris pour exemple. Ramené à la largeur de gouttière ordinaire, qui, développée, mesure 0 m. 25, y compris son ourlet de bordure, il pourrait suffire à sa fonction hydraulique. Mais nous ferons remarquer qu'il peut, avec les dimensions admises au préalable, servir comme chemin ; aussi lui conservons-nous la section que nous lui avons donnée, savoir : 0 m. 20 de largeur intérieure, 0 m. 10 de rayon de courbure et 0 m. 18 à 0 m. 19 de profondeur totale, en admettant 0 m. 08 à 0 m. 09 d'encaissement en plus, pour éviter des rejaillissements par dessus bord en temps d'orage.

M. Bigot-Renaux, quoique n'ayant pris pour base pluviométrique que 0 mc. 000012, presque trois fois moins que nous, admet pour débit pratique la moitié des chiffres qu'il a trouvés pour débit théorique. Il reste ainsi bien au-dessous de nos précédentes indications, et, cependant, il ne paraît pas avoir eu de mécomptes ; mais il recommande expressément à ses clients le choix de modèles plus grands que ceux indiqués comme suffisants dans son tableau d'application, « afin de parer aux inconvénients d'un débordement résultant d'un orage extraordinaire qui pourrait fournir plus de 120 litres d'eau à la seconde par hectare »...

Quant aux tuyaux de descente, dont l'orifice, débouchant dans les chéneaux, est toujours plus ou moins obstrué, tout au moins par les crapaudines, trop souvent inutiles, qui les recouvrent, et par l'air qui s'échappe de ces tuyaux en faisant bouillonner l'eau qui s'y engouffre, on en calcule la section à l'aide de la formule de Torricelli, $V = \sqrt{2gh}$, et de l'application d'un coefficient de contraction convenable.

En appelant Q la quantité d'eau à évacuer par seconde, S la section du tuyau, M le coefficient et h la hauteur d'eau maxima dans le chéneau, produisant la charge sur l'orifice d'évacuation, on a

$$Q = M \times S = V = MS \sqrt{2gh}.$$

La *Semaine* et M. Bigot-Renaux ont appliqué cette formule, mais avec des coefficients de contraction différents : 0,60 pour la *Semaine*, chiffre correspondant à de longs ajutages, et 0, 25 à 0,50, selon les circonstances, pour M. Bigot-Renaux. Celui de 0,25, qui réduit au quart la section du tuyau, peut être considéré comme une limite extrême, sinon exagérée, au dessous de laquelle on ne saurait descendre.

On se rappelle que le chéneau-gouttière, que nous avons pris pour exemple, n'a que 0 me. 004 d'eau à livrer par seconde au tuyau de descente, et que $h = 0$ m. 10. On sait aussi que les diamètres des tuyaux de descente en fonte, qu'on trouve dans le commerce, sont de 0 m. 067, 0 m. 081, 0 m. 094, 0 m. 108,

0 m. 116, etc., mais que l'on emploie le plus souvent ceux de 0 m. 081 et de 0 m. 108, qui correspondent respectivement à des gouttières de 0 m. 25 et de 0 m. 33, à moins qu'on ait affaire à des surfaces de toitures exceptionnelles.

Puisqu'une gouttière de 0 m. 25 suffirait strictement pour écouler la quantité de pluie que reçoit notre chéneau, un tuyau de 0 m. 081, pensons-nous, serait également suffisant. Sa section est de 0 mq. 00515, soit 0 mq. 0050.

En appliquant toutes ces données à la formule ci-dessus indiquée, nous trouverons :

1° Avec le coefficient 0,60

$$Q = 0,60 \times 0^{mq}0050\sqrt{19,81 \times 0,10} = 0^{mc}00423.$$

c'est-à-dire exactement le débit du chéneau ;

2° Avec le coefficient 0,25, Q = 0 mc. 00176 seulement.

Un tuyau de 0 m. 081 serait donc, avec le coefficient de 0,25, qui suppose des conditions extra-mauvaises, absolument insuffisant. Il faudrait choisir un tuyau de 0 m. 108 au moins de diamètre. Dans ce cas, en effet, on aurait $Q = 0,25 \times 0$ mq. 009 $\sqrt{19,81 \times 0,10}$ = 0 mq. 0032 seulement, alors qu'il faut donner passage à 0 mc. 0040. Mais avec un tuyau de 0 m. 116, on aurait Q = 0 mc. 149, ce qui est infiniment trop. On s'arrêtera donc au tuyau de 0 m. 108.

Chemins, marches, rampes pour toitures. — Afin de permettre l'accès facile des toitures en cas de réparations ou d'incendie, il est prescrit d'y réserver des chemins dont les figures 127 et 128 donnent un exemple On accède à ces chemins par des escaliers, munis de rampes en fer, placés sur les murs pignons ou dans le milieu des rampants. Ces escaliers se font avec des marches en fer ou en zinc fondu (fig. 208).

Ordonnance de police (novembre 1883). — Le faîtage des constructions devra présenter un chemin plat d'au moins 0 m. 70 de largeur, et parfaitement praticable, tant pour les ouvriers, en cas de réparations, que pour les sapeurs-pompiers, habitants ou sauveteurs, en cas d'incendie. Ce chemin sera bordé d'un côté d'une lisse en fer, placée à 0 m. 30 de haut ; il sera installé, en outre, un garde-corps fixe en fer avec montants et traverses, dont les intervalles seront grillagés fortement pour arrêter la chute des sapeurs-pompiers, des ouvriers ou des matériaux. La hauteur de ce garde-corps ne pourra être moindre de 0 m. 80 ; il pourra être formé d'ornements ajourés, mais toujours être pourvu à son sommet d'une lisse à main courante.

Au long des murs mitoyens et de ceux de refend, perpendiculaires aux façades sur rues, cours et jardins, il devra être scellé des échelons en fer formant escaliers, avec support et main courante, le tout indépendant et sans point d'appui sur le comble. Il sera prévu une sortie facile sur le comble, soit par une lucarne, soit par une trappe dans le comble même, de manière à permettre aisément d'atteindre les échelons en fer des murs mitoyens et de refend.

...Le même règlement prescrit l'établissement de *deux escaliers* offrant une double issue, surtout aux étages supérieurs. Dans le cas où il serait impossible d'établir un second escalier, il y sera suppléé au moyen d'échelons en fer placés sur toute la hauteur de la façade sur cour.

Tuyaux de descente d'eaux. — Ces tuyaux se font en zinc n° 12 ou 14 ou en fonte lisse ou ornementée (fig. 197, 198, 199). Les coudes et branchements se trouvent tout faits. Ces tuyaux sont posés à simple

emboîtement, ils servent le plus souvent à écouler à
l'égout les eaux pluviales en même temps que les eaux
ménagères. Le diamètre et le nombre des tuyaux de

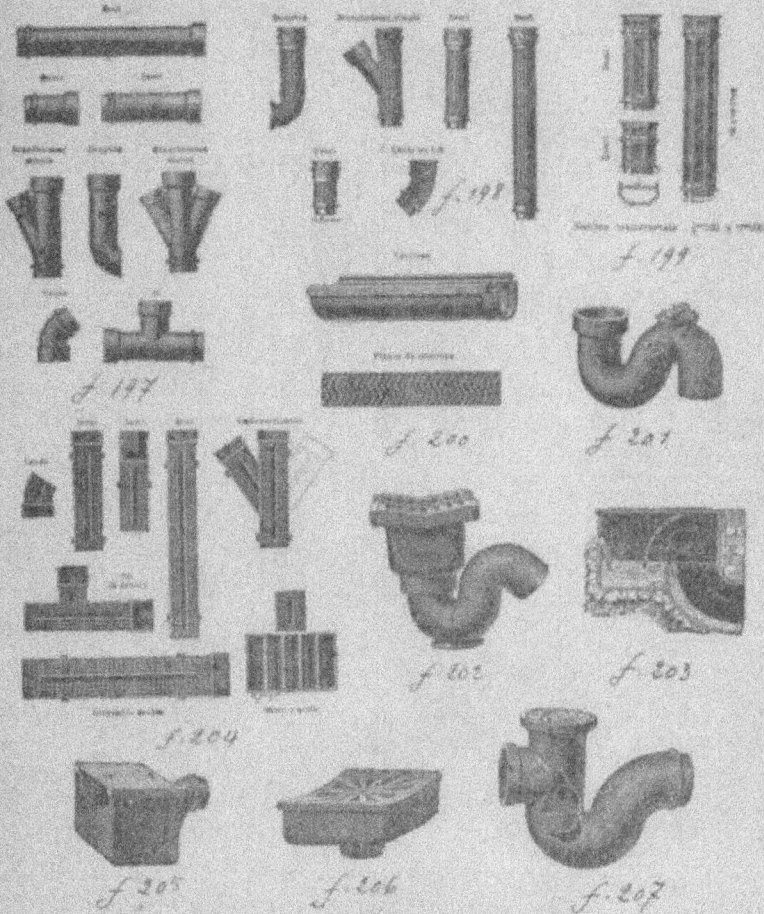

descente d'eaux doit être proportionné aux dimensions des gouttières, chéneaux ou noues qu'ils desser-
vent. On met un tuyau de descente tous les 12 ou
15 mètres, diamètre 0 m. 07 à 0 m. 15 selon l'importance du débit d'eau.

Les tuyaux de descente sont maintenus contre le

mur, extérieurement ou intérieurement, par des colliers en fonte (fig. 190) et garnis à leur orifice supé-

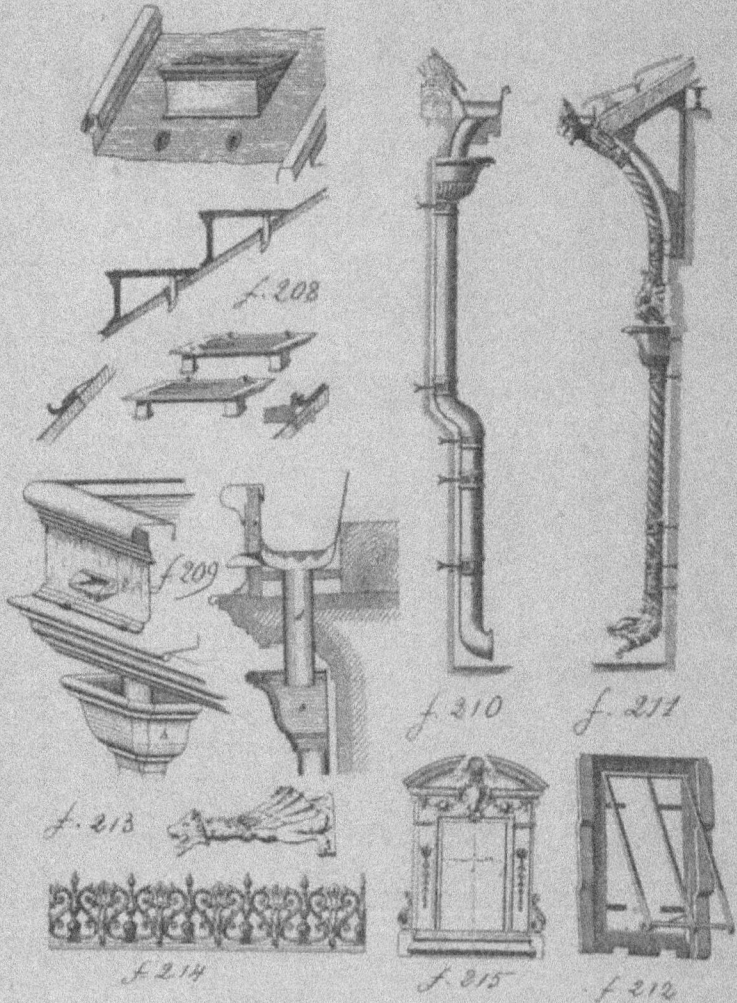

f. 208

f. 209

f. 210   f. 211

f. 213

f. 214   f. 215   f. 212

rieure d'une *crapaudine* (fig. 191) qui empêche les
feuilles mortes de s'engager dans le tuyau de descente.
Cette crapaudine doit être nettoyée à la fin de l'au-

tomne. Le plus souvent, dans les travaux soignés, on amène d'abord le tuyau de descente par un *moignon d*, dans une cuvette *h* (fig. 209). On ménage en outre dans le chéneau un *trop-plein g* pour le cas de très grandes eaux. Ce trop plein est au-dessous du niveau du premier ressaut en amont, de façon que les eaux ne puissent pas refluer et s'écouler sur le mur.

Les figures 210 et 211 montrent des descentes d'eau en fonte décorée.

A la partie inférieure, le tuyau de descente peut se terminer par un *dauphin* et l'eau s'écoule dans une *cuiller* en pierre dure jusqu'au ruisseau. Mais, quand il y a un trottoir on fait aboutir le tuyau de descente dans un *caniveau* ou *gargouille* (fig. 200 et 204), qui est au niveau du trottoir.

Quand les tuyaux de descente sont à l'intérieur des bâtiments, on doit les munir, à l'endroit où ils pénètrent dans les égouts, de *siphons* qui empêchent les mauvaises odeurs de remonter de bas en haut.

Nos gravures 201 à 207 montrent les principaux types de siphons employés suivant qu'ils sont enterrés ou à fleur du sol avec grilles d'écoulement par dauphin.

Châssis à tabatière. — On place sur les toits des châssis d'accès pour permettre de passer facilement du grenier sur la toiture. Ces châssis sont en fonte et la partie ouvrante est en fer à 2 ou 3 vitres (fig. 212). On dit que le châssis est de 4, 6, 8 tuiles, selon qu'il occupe la place de 4, 6 ou 8 tuiles.

La figure 132 montre un châssis sur coffre, la figure 133 montre une lucarne d'accès sur toiture en zinc, la figure 212 montre un châssis se posant directement sur les tuiles mécaniques. On fait le plus souvent en zinc le raccordement du châssis avec la toiture.

Décoration des toitures. — Nous avons déjà parlé des décorations en poteries (fig. 105 à 110) ; on trouve dans le commerce une quantité de modèles en zinc, cuivre ou tôle, repoussés ou estampés pour faîtages, arêtiers, rives, épis, lucarnes, girouettes, gargouilles, etc., qui s'appliquent sur toutes sortes de toitures. On fait aussi des ornements en fonte moulée. Nos lecteurs trouveront tous les renseignements sur les ornements de toitures dans les luxueux catalogues édités par les fabricants. Nos gravures montrent ces ornements métalliques.

Figure 213. — Une gargouille.

Figure 214. — Un faîtage ou galerie.

Figure 215. — Une lucarne.

Marches en fonte pour toitures. — La marche en fonte, sytème Godeau, est en fonte de fer, sa face supérieure est quadrillée de pointes de diamants, afin d'empêcher le pied de glisser ; elle a ordinairement 0 m. 22 de profondeur sur 0 m. 30 de largeur, dimensions suffisantes pour qu'un homme y puisse poser les deux pieds à la fois. La face inférieure est munie de nervures de renforcement, en croix de saint André. Près du bord externe sont placés deux collets creux dans lesquels s'engage la tête des deux supports. En arrière, la plaque porte deux oreilles par lesquelles passe une tige boulonnée sur les cornières du chemin et qui sert d'attache articulée à la marche. On voit que cette tige forme une sorte d'axe autour duquel la marche peut décrire un arc de cercle plus ou moins étendu.

Cette mobilité de la marche par rapport à son point d'attache permet de la poser aisément à l'inclinaison voulue. Pour régler cette inclinaison, il suffit de tourner ou de détourner l'écrou des supports, l'écrou com-

mandant une tige filetée qui, d'une part, pénètre dans
une douille fixée, comme l'indique le dessin, à la cornière, et d'autre part, aboutit aux godets creux dont
nous parlions tout à l'heure. Une fois que l'armature
de l'escalier est construite, rien de plus aisé que de
régler l'inclinaison de la marche, ou, plus exactement,
de lui donner l'horizontalité nécessaire, quels que soient
la pente ou le rayon de la courbe du comble (fig. 216).

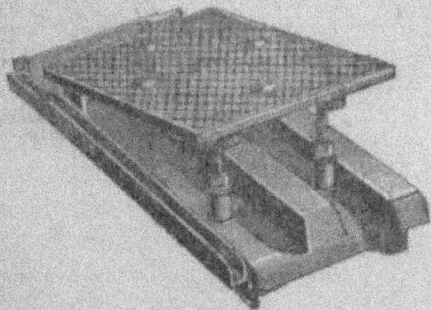

Fig. 217.

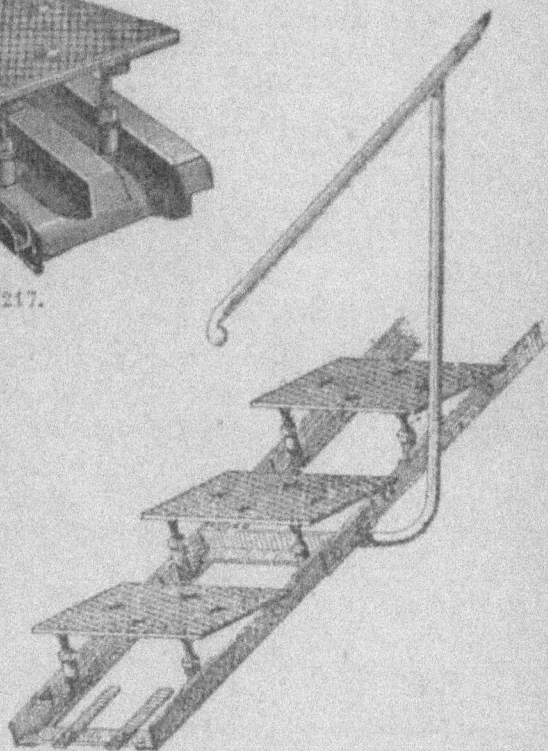

Fig. 216.

Le montage d'un escalier se fait ordinairement à l'a-
telier, mais toutes les pièces de même genre étant
exactement d'un modèle identique, on peut opérer

le montage à pied d'œuvre. Le mieux cependant est de donner au constructeur la pente ou le gabarit du toit et l'escalier arrive tout ajusté, par morceaux de 3, 4 ou 5 mètres de longueur. On fait sur place les raccords au moyen de plaques et de boulons.

Pour la pose du chemin, il existe, haut et bas, des pattes, simples pour les faibles longueurs (2 mètres ou 2 m. 50), doubles pour les grandes longueurs. Les pattes sont percées de deux trous qui permettent de les attacher aux chevrons à l'aide de tire-fonds. Les cornières sont assujetties l'une à l'autre, de distance en distance, par des cornières perpendiculaires aux deux autres, et qui forment le chaînage du chemin.

Comme les trous des pattes pourraient laisser passer l'eau, on les recouvre d'une petite châtière en métal, ou, ce qui est plus simple, on introduit une rondelle de plomb ou de cuir entre la tête du boulon et la patte. Avec un bon serrage, on n'a point à craindre les infiltrations.

Pour la plus grande sécurité des personnes qui ont à circuler sur les chemins, on munit ceux-ci d'une rampe en fer rond. Les montants de la rampe sont coudés à leur base, de telle sorte qu'un homme portant un fardeau puisse tenir la rampe d'une main et ne soit point exposé à perdre l'équilibre. L'écartement, en ligne verticale, du montant et de la cornière est de 0 m. 20 environ.

Tout le chemin, marches, cornières et rampe, est galvanisé ou passé au minium. Celui qui est posé sur le toit de l'Hôtel des Invalides a 9 mètres de longueur et est composé de 31 marches, avec rampe en fer rond de 0 m. 025, à droite. Il est fait en deux morceaux réunis sur le toit. La pente est de 0 m. 70 par mètre. Le prix à l'atelier est de 350 francs.

Les escaliers de ce genre sont faits pour être posés

sur zinc, ardoises ou tuiles plates. Lorsque la couverture est en tuiles à emboîtement, le constructeur a imaginé de faire porter sa marche sur une tuile en fonte moulée sur le modèle même de la tuile employée : Gilardoni, Montchanin, Muller ou Montbard. Il suffit donc de déplacer sur toute la longueur du chemin les tuiles existantes et de les remplacer par les tuiles en fonte qui sont munies en dessous de deux pannetons pour le clouage sur la volige. L'attache de la marche au lieu de consister, comme tout à l'heure, en une tige passant par deux oreilles et boulonnée sur le chemin, est maintenue ici à jeu libre par un boulon fixé à la tuile en fonte. Le prix d'une marche de ce genre est de 8 fr. 50 (fig. 217).

TABLE DES MATIÈRES

Orléans. Imp. H. Tessier.

NOUVELLE

Bibliothèque pratique d'Électricité

PAR

G. GEIGER

Prix de chaque volume in-16 avec figures, Broché . . . . 0 fr. 75

1er *volume*. — **Généralités**. Unités électriques. Appareils de mesure. Effets chimiques et mécaniques des courants continus et alternatifs. Dictionnaire des expressions les plus usitées. 21 fig., 1907.

2e *volume*. — **Récepteurs électriques**. Accumulateurs électriques. Moteurs électriques. Chauffage par l'électricité. 20 fig., 1907.

3e *volume*. — **Générateurs d'électricité**. Piles hydro-électriques et thermo-électriques. Machines dynamo-électriques à courants continus et alternatifs. 20 fig., 1907.

4e *volume*. — **Eclairage électrique**. Eclairage domestique par piles seules et par piles chargeant des accumulateurs. 22 fig., 1907.

5e *volume*. — **Sonneries électriques** Sonneries. Piles. Canalisation. Interrupteurs. Montage des sonneries. Tableaux indicateurs. Allumoirs électriques. 37 fig., 1907.

6e *volume*. — **Téléphonie**. Téléphones magnétiques. Postes microtéléphoniques. Postes microtéléphoniques avec bobine d'induction. Accessoires. Application des téléphones. 31 fig., 1907.

7e *volume*. — **Nouvelles découvertes en Electricité**. Courants de haute fréquence. Téléphotographie. Télégraphie sans fil. Télémécanique sans fil. Téléphonie sans fil. Bobine de Ruhmkorff. Rayons cathodiques et rayons X. Electrométallurgie. 38 fig., 1908.

(Le prospectus détaillé de cette Bibliothèque est adressé franco sur demande.)

www.ingramcontent.com/pod-product-compliance
Lightning Source LLC
Chambersburg PA
CBHW062027200326
41519CB00017B/4954